JN235640

OpenGL + GLSLによる
「流れ」のシミュレーション

Visual C++

Flow Simulation by OpenGL & GLSL

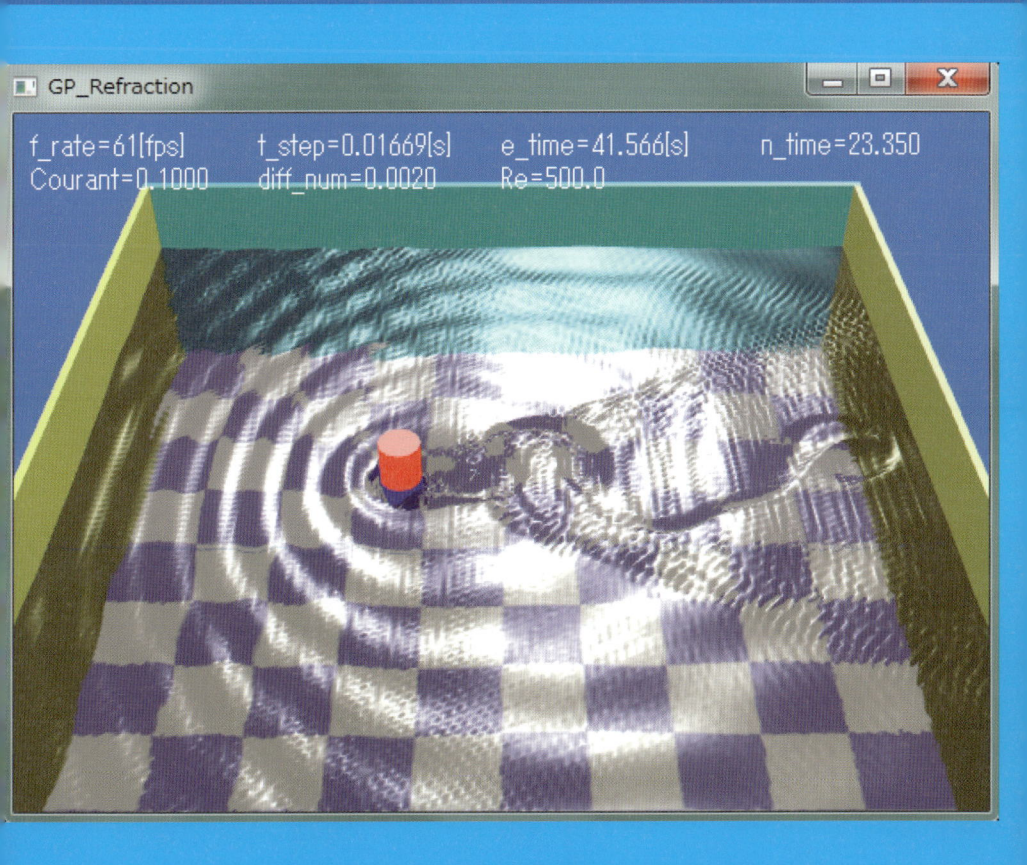

Photo Index

第1章　ポテンシャル流れ

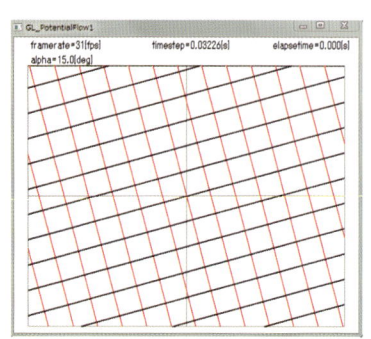

図1.7　一様流れ（→p.34）

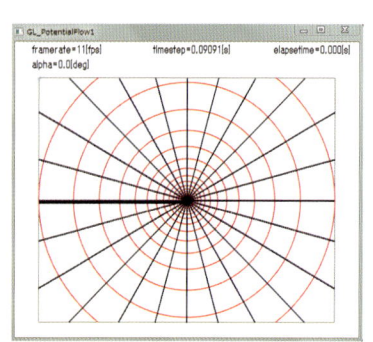

図1.8　湧き出し（→p.35）

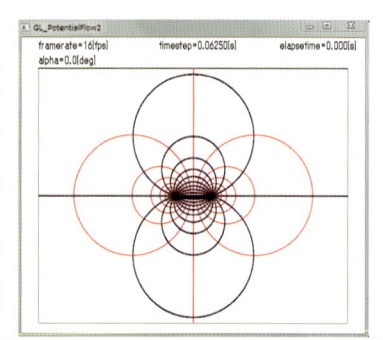

図1.9　対になった湧き出し吸い込み（→p.37）

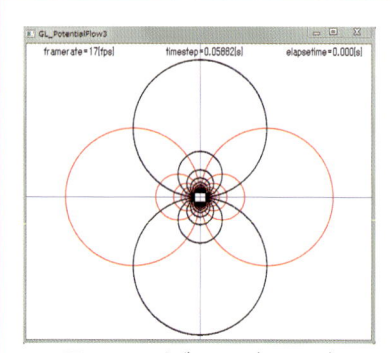

図1.10　ダブレット（→p.38）

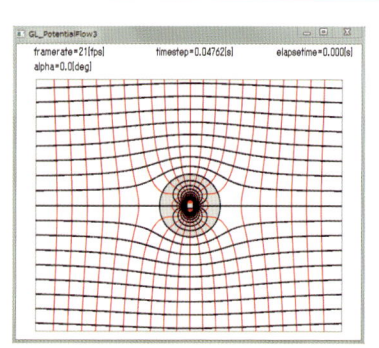

図1.11　一様流れ場におかれたダブレット（→p.39）

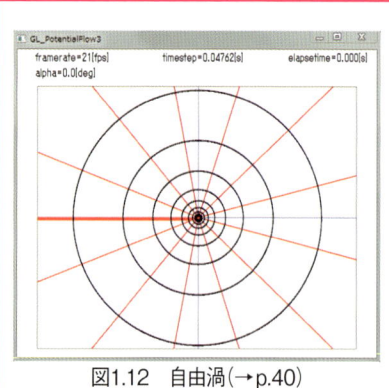

図1.12　自由渦（→p.40）

（[第1章]ポテンシャル流れ）

回転する円柱周りのポテンシャル流れ（→p.42）

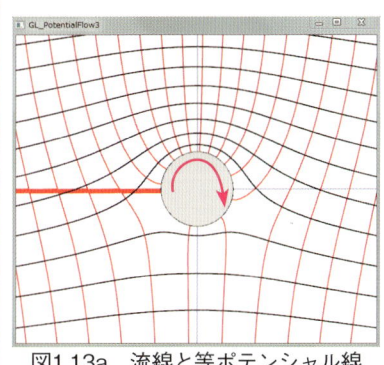

図1.13a　流線と等ポテンシャル線

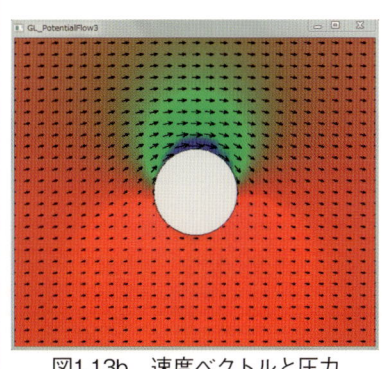

図1.13b　速度ベクトルと圧力

平板に対するポテンシャル流れ（→p.46）

図1.15a　流線と等ポテンシャル線

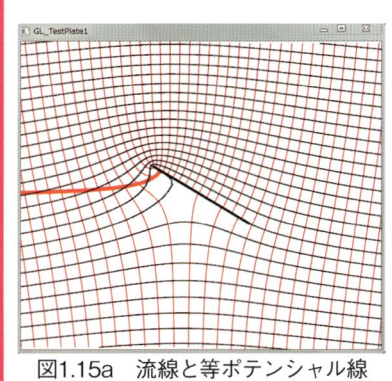

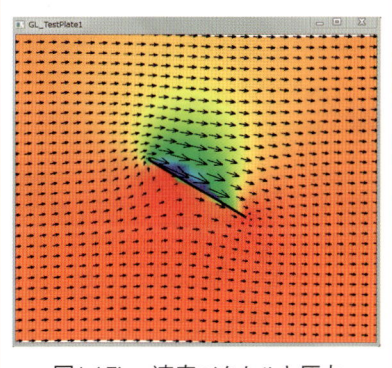

図1.15b　速度ベクトルと圧力

ジューコフスキーの翼形のポテンシャル流れ（→p.48）

図1.17a　流線と等ポテンシャル線

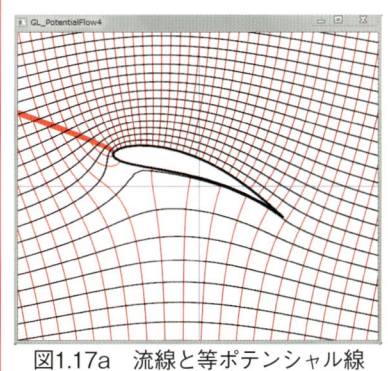

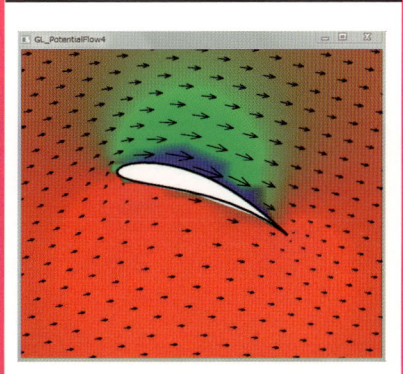

図1.17b　速度ベクトルと圧力

Photo Index

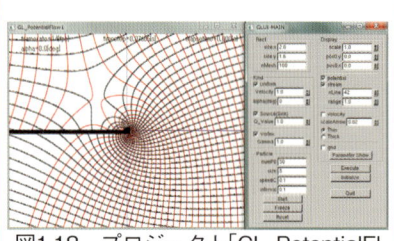

図1.18 プロジェクト「GL_PotentialFlow1」の実行例（→p.49）

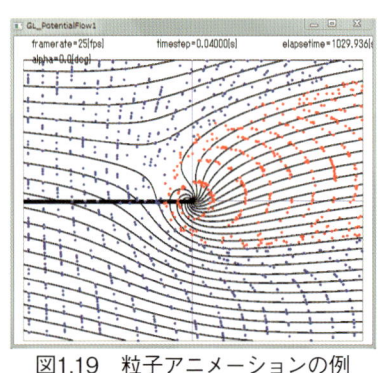

図1.19 粒子アニメーションの例（→p.52）

2章 「差分法」による「数値解析」

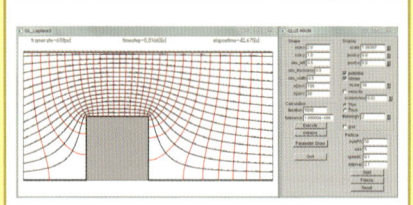

図2.4 2次元ラプラス方程式の解（→p.71）

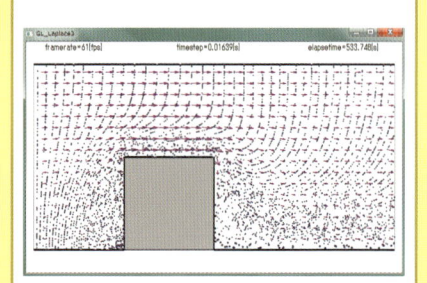

図2.5 速度ベクトルと粒子アニメーション（→p.72）

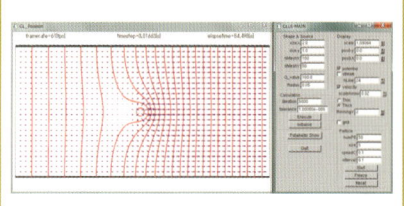

図2.6 2次元ポアソン方程式の解（→p.73）

([3章]「時間発展」問題)

3章 「時間発展」問題

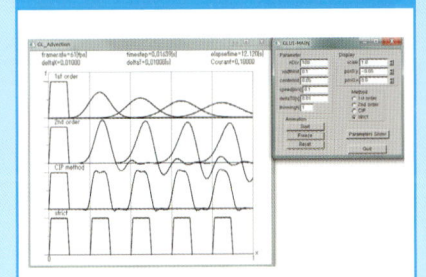

図3.2 1次元移流方程式の実行例(→p.80)

図3.5b 直方体プロファイル

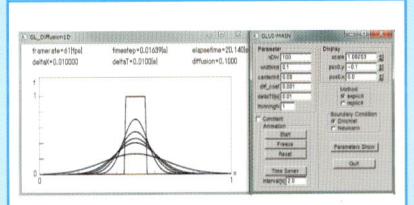

図3.3 1次元拡散方程式の実行例(→p.85)

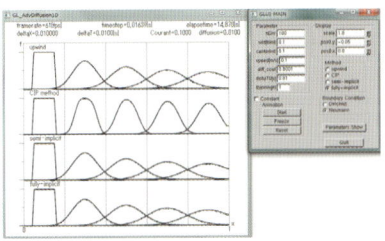

図3.6 1次元移流拡散方程式の実行例(→p.92)

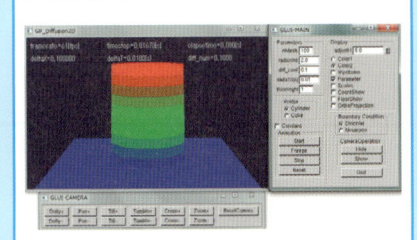

図3.4 2次元拡散方程式の実行例1(→p.88)

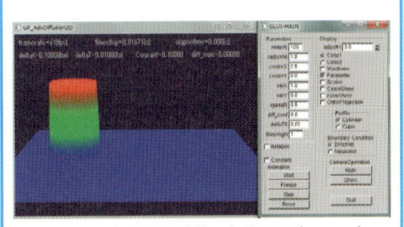

図3.8 2次元移流拡散の初期画面(→p.95)

2次元拡散方程式の実行例2(→p.89)

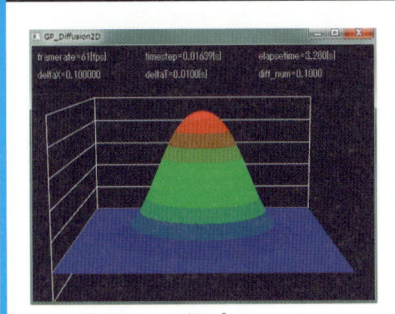

図3.5a 円柱プロファイル

回転モードの実行例(→p.96)

図3.9a 初期状態

Photo Index

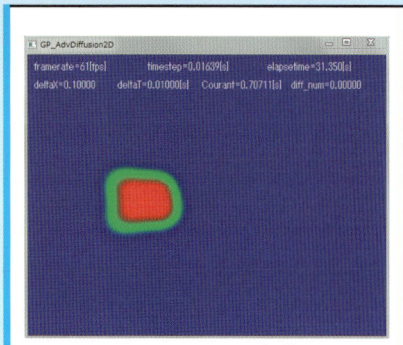

図3.9b　5回回転後

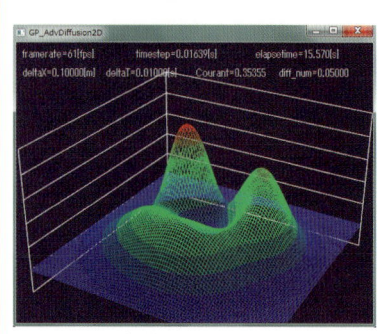

図3.10b　間欠的にコンスタント・モード

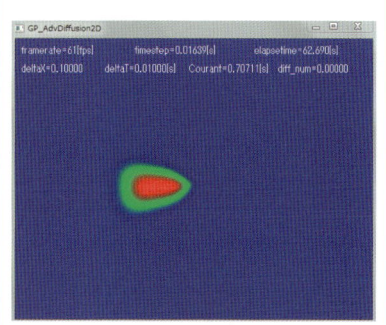

図3.9c　10回回転後

4章 「流れ関数-過度法」

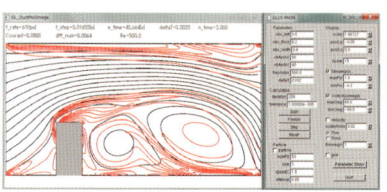

図4.5　片側の壁面に接した障害物が置かれた
ダクト内の流れ(→p.126)

回転モードおよびコンスタント・モード
の実行例(→p.96)

中心軸上に障害物を置いたダクトの流れ
(→p.129)

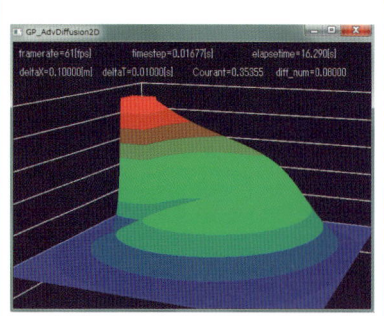

図3.10a　常時コンスタント・モード

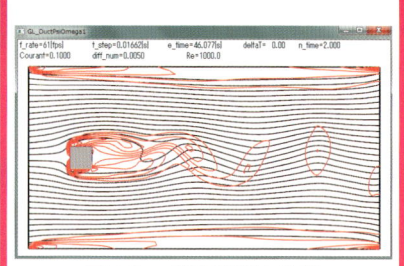

図4.6a　等渦度線と流線

6

([4章]「流れ関数－過度法」)

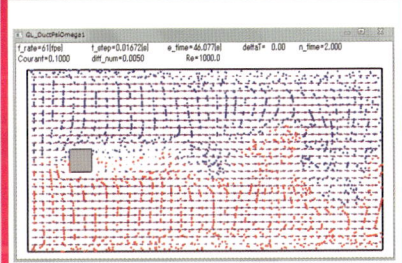

図4.6b 速度ベクトルと粒子アニメーション

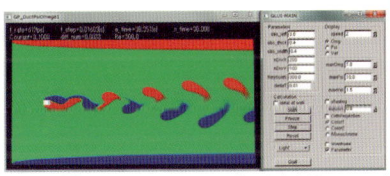

図4.7 「GP_DuctPsiOmega1」の実行例(→p.130)

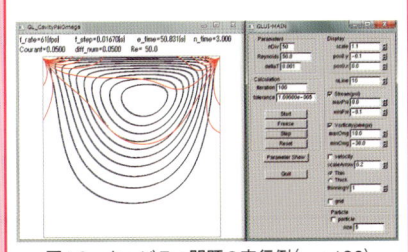

図4.9 キャビティ問題の実行例(→p.136)

流線と速度ベクトル(→p.137)

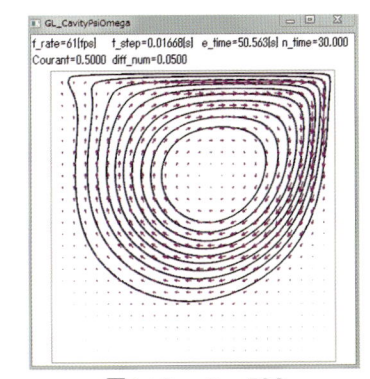

図4.10a Re=500

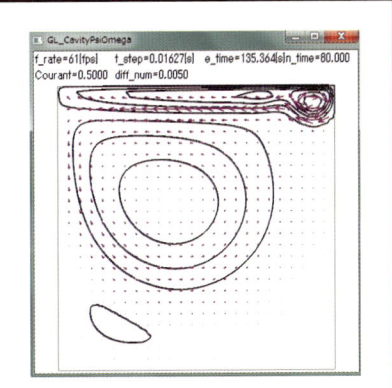

図4.10b Re=5000

流線と粒子アニメーション(→p.138)

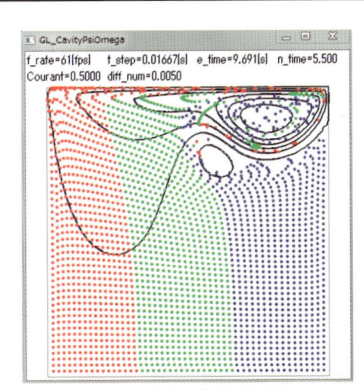

図4.11a 無次元時間5.5

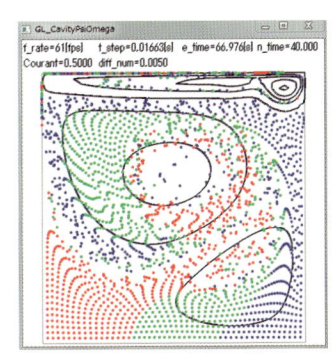

図4.11b 無次元時間40

7

Photo Index

図4.13 ダクト内の円柱まわりの流れ(→p.140)

円柱まわりの流れ(→p.144)

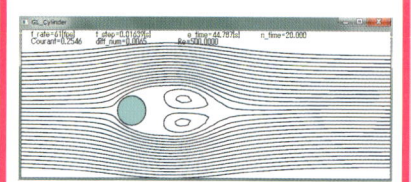

図4.16a 無次元時間20

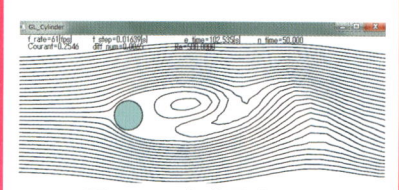

図4.16b 無次元時間50

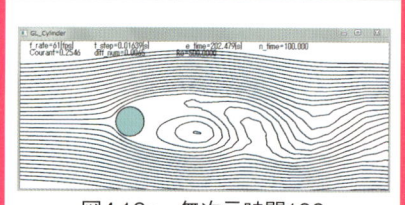

図4.16c 無次元時間100

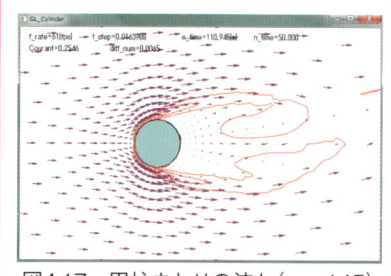

図4.17 円柱まわりの流れ(→p.145)

円柱まわりの流れ(→p.146)

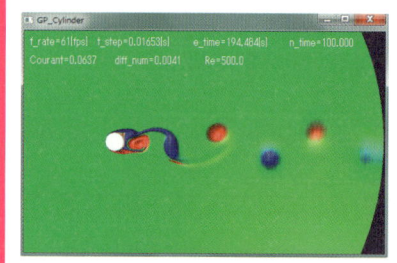

図4.18a 渦度

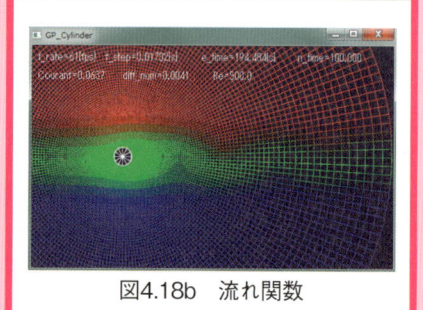

図4.18b 流れ関数

([5章]「速度－圧力法」)

5章 「速度－圧力法」

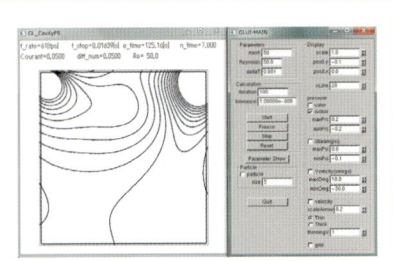

図5.4 速度-圧力法の実行例1（→p.163）

速度-圧力法の実行例2 （→p.164）

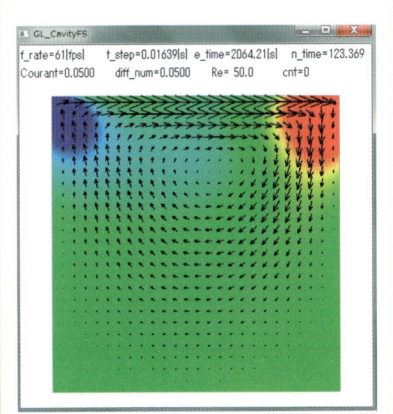

図5.5a 圧力カラー表示と速度ベクトル

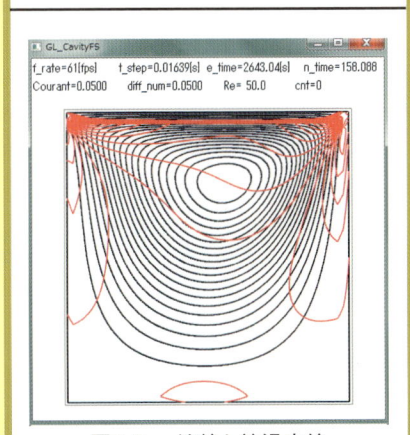

図5.5b 流線と等渦度線

速度-圧力法の実行例3（→p.164）

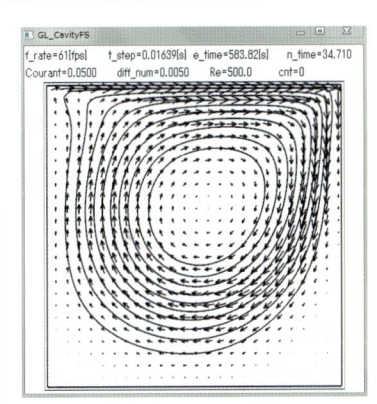

図5.6a Re=500

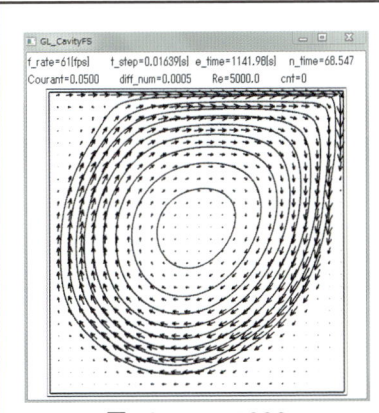

図5.6b Re=5000

速度-圧力法の実行例4（→p.165）

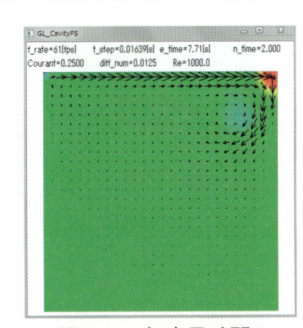

図5.7a 無次元時間2

9

Photo Index

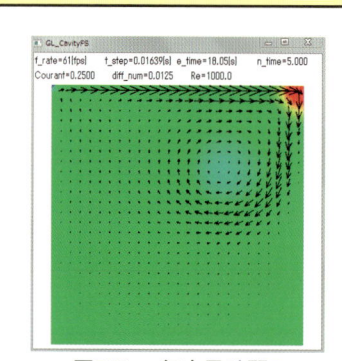

図5.7b　無次元時間5

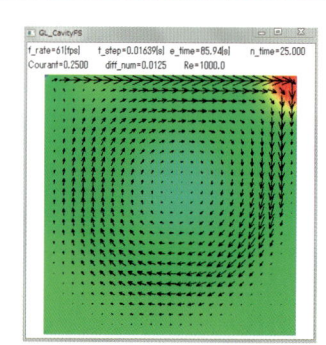

図5.7c　無次元時間25

速度-圧力法の実行例5（→p.165）

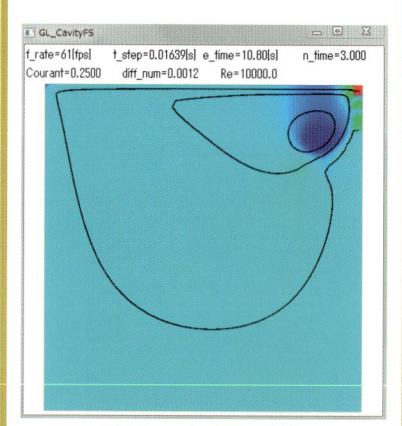

図5.8a　無次元時間3

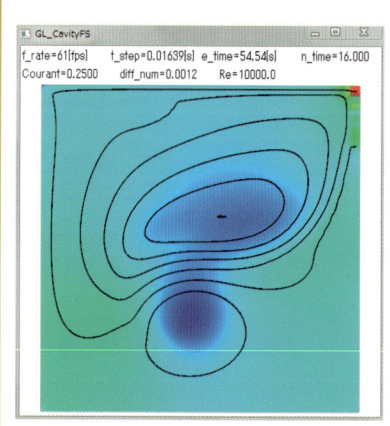

図5.8b　無次元時間16

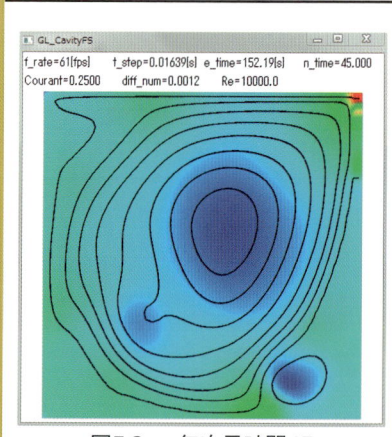

図5.8c　無次元時間45

障害物1個のときの実行例1（→p.169）

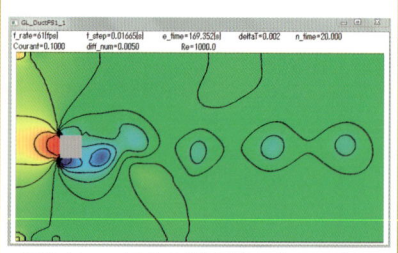

図5.11a　圧力の等高線とカラー表示

([5章]「速度−圧力法」)

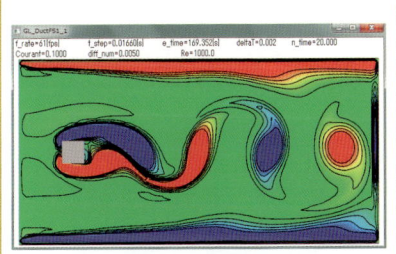

図5.11b　渦度の等高線とカラー表示

障害物が1個のときの実行例2（→p.169）

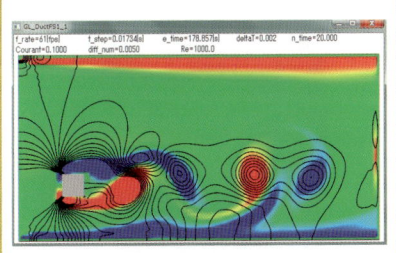

図5.12a　h=0.3

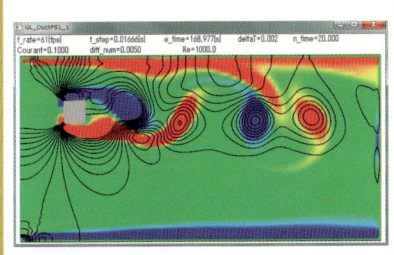

図5.12b　h=0.7

障害物2個のときの実行例（→p.170）

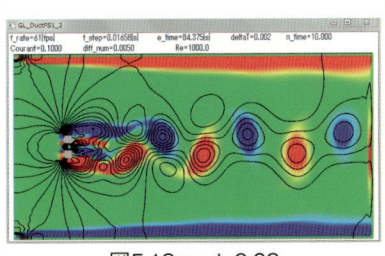

図5.13a　d=0.08

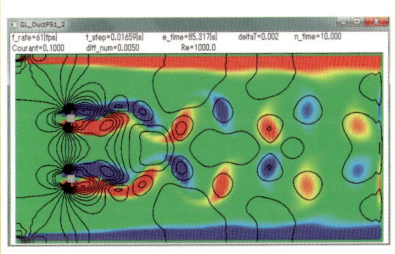

図5.13b　d=0.32

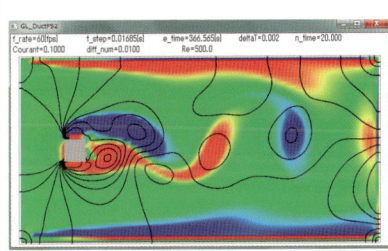

図5.14　スタガード格子を用いたプロジェクトの実行例（→p.171）

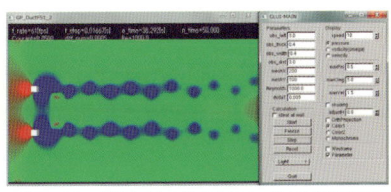

図5.15　障害物が2個のときの実行例1（→p.176）

障害物が2個のときの実行例2（→p.176）

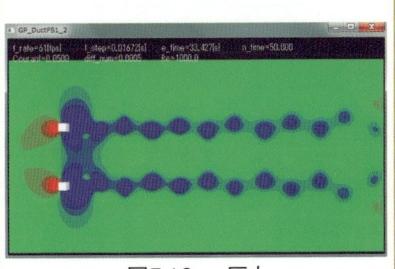

図5.16a　圧力

11

Photo Index

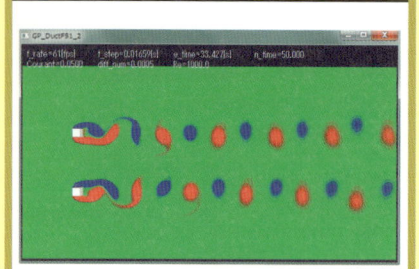

図5.16b　渦度

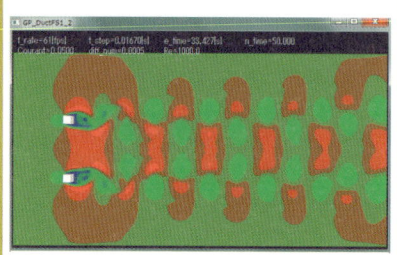

図5.16c　速度の絶対値

障害物が3個のときの実行例1
(→p.177)

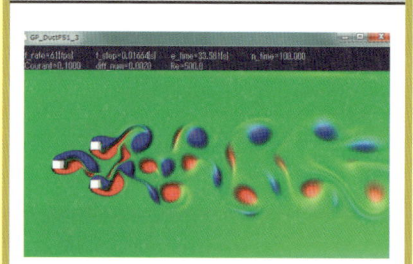

図5.17a　obs_dist2=2.0

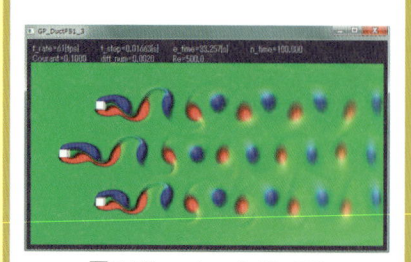

図5.17b　obs_dist2=5.2

障害物が3個のときの実行例2
(→p.178)

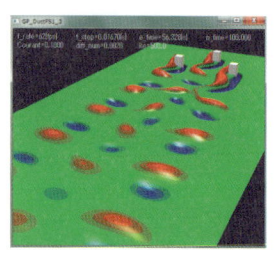

図5.18a　カラー段階表示

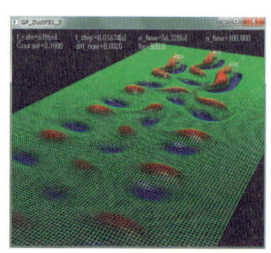

図5.18b　ワイヤーフレーム表示

図5.19　牛乳と墨で作成したカルマン渦
(→p.178)

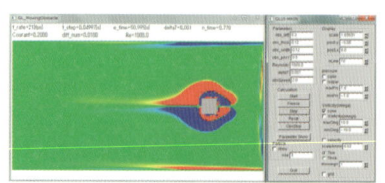

図5.20　移動障害物の実行例1 (→p.180)

([5章]「速度-圧力法」)

移動障害物の実行例2 (→p.181)

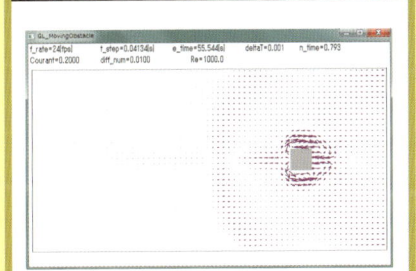

図5.21a 速度ベクトル

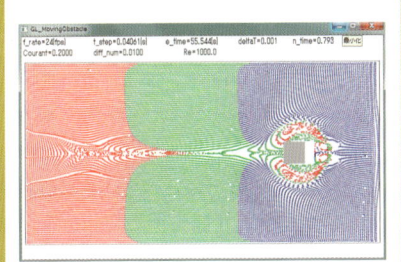

図5.21b 粒子アニメーション

移動障害物の実行例3 (→p.181)

図5.22a 右方向走行中

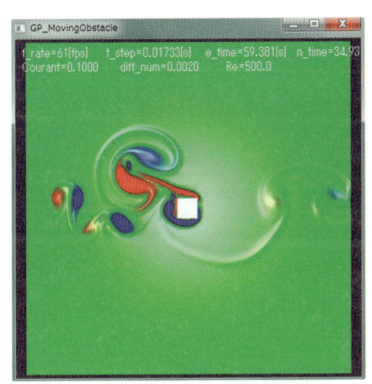

図5.22b 1往復後の右方向走行中

移動障害物の実行例4 (→p.182)

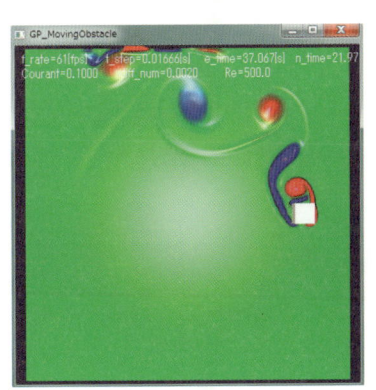

図5.23a 半周走行後

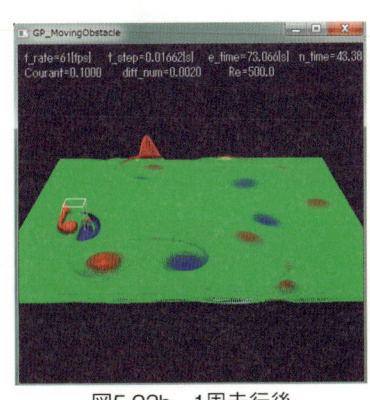

図5.23b 1周走行後

Photo Index

6章　水面シミュレーション

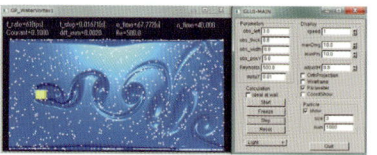

図6.1　固定障害物による水面の渦
（→p.187）

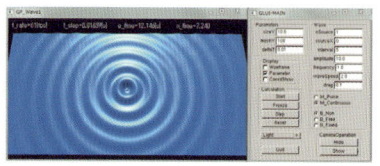

図6.3　円形波の実行例（→p.191）

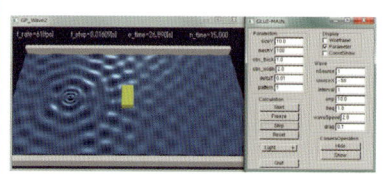

図6.4　固定障害物による反射波（→p.196）

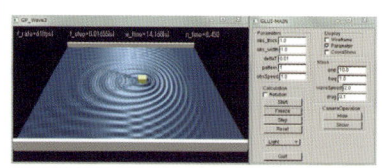

図6.5　移動物体による波動（→p.197）

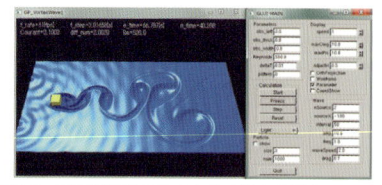

図6.6　固定障害物があるときの渦と波動（→p.199）

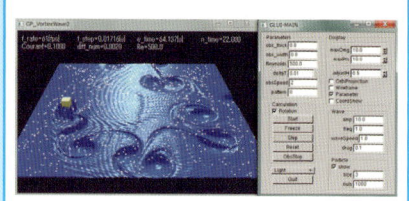

図6.7　移動物体があるときの渦と波動
（→p.200）

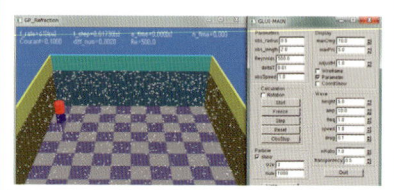

図6.10　屈折環境マッピングの初期状態
（→p.208）

屈折環境マッピングの例（→p.208）

図6.11a　視点が水面より上

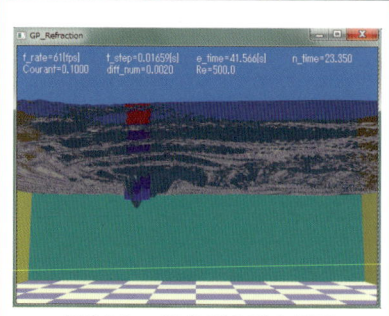

図6.11b　視点が水面より下

([6章]水面シミュレーション)

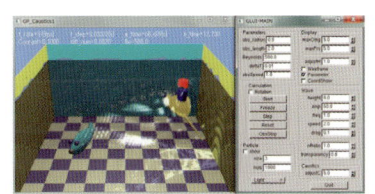

図6.13 コースティックスを加えたプロジェクト1（→p.215）

コースティックスを加えたプロジェクト2（→p.216）

図6.14a 視点が水面より上

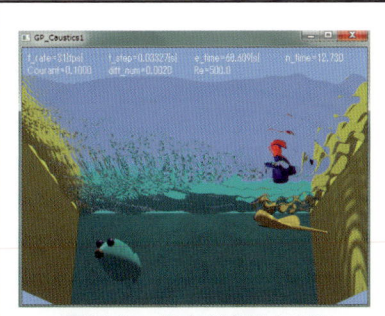

図6.14b 視点が水面より下

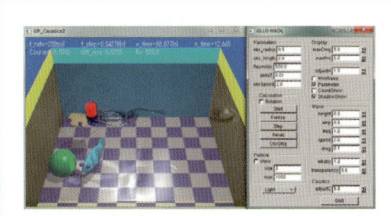

図6.15 影を与えたプロジェクト（→p.217）

影を与えたプロジェクト2（→p.217）

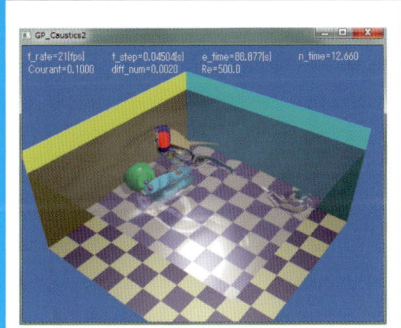

図6.16a 視点が水面より上

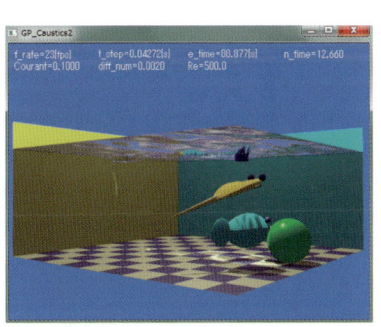

図6.16b 視点が水面より下

◆◆◆◆まえがき◆◆◆◆

　私が「コンピュータ・グラフィックス」に興味をもち、学生の卒業研究のテーマに取り入れたのは、20数年前のことです。

　そのころは、単純な物体の静止画像を作るにも、数十分から1時間以上を要していました。しかし、ハードとソフトの両面の技術革新によって、いまではパソコンでもリアルな動画像をつくることが可能になりました。

　私は、これまで、「OpenGL」による「コンピュータ・グラフィックス」関連の書物を執筆してきましたが、最近は、「OpenGL」と「シェーダ言語GLSL」を組み合わせた、「物理法則に基づくアニメーション」に興味をもっています。

　本書は、『OpenGL＋GLSLによる　3D-CGアニメーション』、『OpenGL＋GLSLによる　物理ベースCGアニメーション』および『OpenGL＋GLSLによる　物理ベースCGアニメーション2』の続刊的性格の書物です。

＊

　本書の主要テーマは、「数値解析」で「ナビエ＝ストークスの方程式」を解き、「カルマン渦」を発生させる、「リアルタイム・シミュレーション」です。

　10数年前、「ナビエ＝ストークスの方程式」を初めて目にしたとき、このような複雑な数式を解くことは私には不可能なことと考え、半ばあきらめていました。

　最近、「流れ」のシミュレーションに関連する書物の中に、「Fortran」で書かれたプログラムがあり、それを「C言語」に書き直す作業に取り組みました。

　その結果、「数値解析」の部分は意外に短いプログラムで「流れ」を表現できることを知り、「Visual C++ .NET」によるプロジェクト作成に取り掛かりました。

　その結果をまとめたものが、本書です。

　はじめて「カルマン渦」らしき模様が現われたときは、大いに感動した次第です。

＊

　プログラム習得の基本は、"まねる"ことです。

　実際に動くプログラムの実装例を参考にして、自分なりの工夫を加えていくことが重要です。

　本書によって「流体シミュレーション」や、そのプログラミングに興味をもつきっかけになったなら、著者としてこれ以上の喜びはありません。

　ただし、私はプログラム言語に精通しているわけではないので、本書で示したプログラムを参考にして、さらに効率的なものに改良してください。

　なお、私の勉強不足のため、「物理的説明」や「数式」に間違いがあるかもしれません。

　ただ、CGやアニメーションに利用したときに、それらしい結果が得られたならば、よしとしています。

酒井　幸市

OpenGL + GLSL による「流れ」のシミュレーション

CONTENTS

Photo Index 2

まえがき 17
　　添付CD-ROMについて 20

第1章　ポテンシャル流れ　　Potential Flow

[1.1]　「流体」の基礎 24
[1.2]　「流体」の分類 26
[1.3]　連続の式 27
[1.4]　ポテンシャル流れ 28
[1.5]　複素ポテンシャル 31
[1.6]　ポテンシャル流れの具体例 32
[1.7]　等角写像 43
[1.8]　プログラムの説明 48
[1.9]　プロジェクトの構築 55

第2章　「差分法」による「数値解法」　　Numerical Solution using the FDM

[2.1]　「差分法」の基礎 60
[2.2]　ラプラス方程式 64
[2.3]　ポアソン方程式 72

CONTENTS

第3章 「時間発展」問題 Time-Evolution Problems

- [3.1] 移流方程式 ……………………………………………………76
- [3.2] 拡散方程式 ……………………………………………………83
- [3.3] 移流拡散方程式 ………………………………………………90
- [3.4] GPGPUプロジェクトの構成 …………………………………101

第4章 「流れ関数-渦度法」 Stream Function-Vorticity Method

- [4.1] ナビエ＝ストークスの方程式 …………………………………116
- [4.2] 「流れ関数-渦度法」 ……………………………………………120
- [4.3] 「平行平板間」の「流れ」 ………………………………………126
- [4.4] キャビティ問題 …………………………………………………134
- [4.5] 「円柱まわり」の「流れ」 ………………………………………138

第5章 「速度-圧力法」 Velocity-Pressure Method

- [5.1] 「速度-圧力法」の概要 …………………………………………148
- [5.2] キャビティ問題 …………………………………………………158
- [5.3] 「平行平板ダクト」の「流れ」 …………………………………166

第6章 水面シミュレーション Simulation of Water Surface

- [6.1] 「水面」に発生する「渦」 ………………………………………184
- [6.2] 「波動」の追加 …………………………………………………187
- [6.3] 「屈折環境マッピング」の追加 …………………………………200
- [6.4] 「投影マッピング」による「集光模様」の追加 …………………209

参考文献 ……………………………………………………………………219
索引 …………………………………………………………………………220

添付CD-ROMについて

「添付CD-ROM」には、「本書サンプル・プログラム」が収録されています。

CD-ROMをドライブに挿入し、「マイコンピュータ」→「CDあるいはDVDドライブ」を選択します(自動起動が設定されている場合、ドライブに挿入するだけでフォルダが開く場合もあります)。

CD-ROMの構成は、以下の通りです(ヘッダファイルの詳細は57pを参照)。

CD-ROMの内容

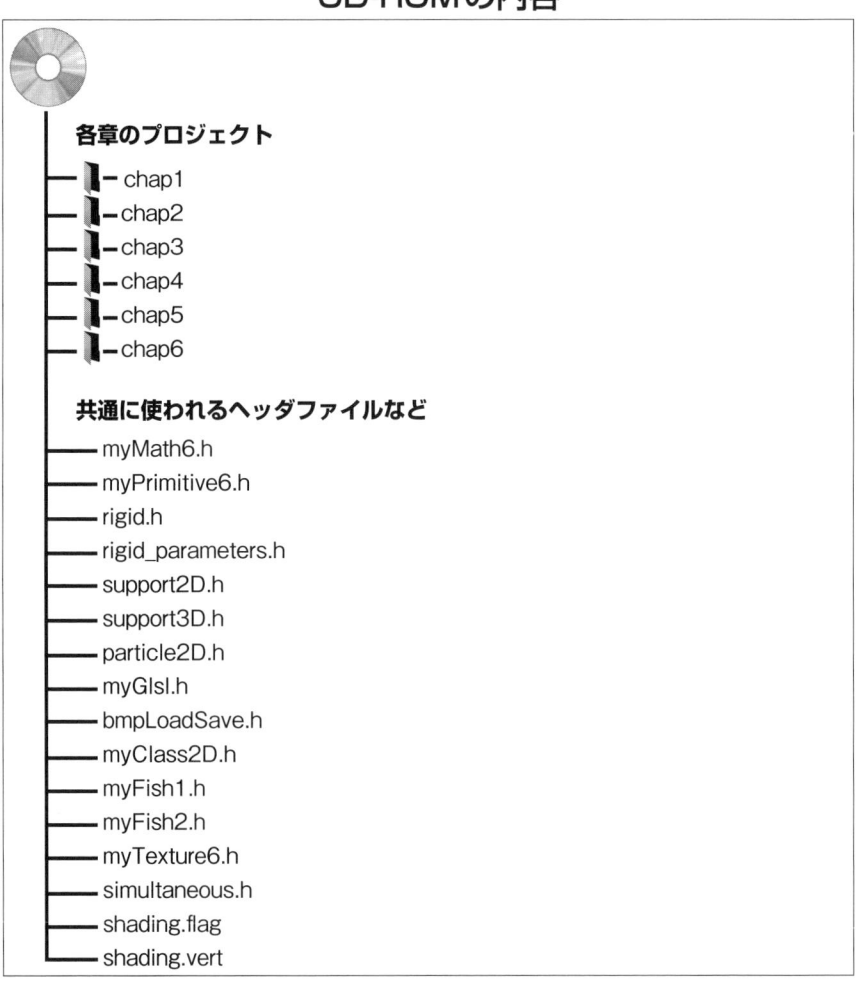

各章のプロジェクト
- chap1
- chap2
- chap3
- chap4
- chap5
- chap6

共通に使われるヘッダファイルなど
- myMath6.h
- myPrimitive6.h
- rigid.h
- rigid_parameters.h
- support2D.h
- support3D.h
- particle2D.h
- myGlsl.h
- bmpLoadSave.h
- myClass2D.h
- myFish1.h
- myFish2.h
- myTexture6.h
- simultaneous.h
- shading.flag
- shading.vert

添付CD-ROMについて

[開発環境]

Windowsバージョン	Windows 7
システムの種類	64ビットOS
CPU	Core(TM) i7
GPU	NVIDIA GeForce GT445M
RAM	6GB
プログラム開発ツール	Visual C++ .NET 2005 Standard Edition

[プログラムの実行]

　本書は、プログラム開発環境として「Visual Studio .NET2005 Standard Edition」を用いています。

　他の「Edition」、あるいは「Visual Studio .NET2003」でも利用可能と思われます。

　しかし、「2003」ではプロジェクトを開くことができないので、「ソース・ファイル」をコピーして、利用してください。

　本書で示しているプログラムは、すべて付属の「CD-ROM」に収めてあります。

　各章で示すプロジェクトは、親フォルダの下のフォルダ「￥chapN」(Nは章番号)に格納されています。

　各プロジェクト・ファイルに存在する「ソリューション・ファイル」(拡張子「.sln」)または「プロジェクト・ファイル」(拡張子「.vcproj」)でプロジェクトを立ち上げて、ビルドすれば、実行可能です。

　「GLUT」や「GLSL」を利用するには、**1.9節**に示すように、それぞれの「Webサイト」から、「ツールキット」などをダウンロードする必要があります。

　「シェーダ言語」を使うため、古い「グラフィックス・プロセッサ」では動作しない場合があるので、注意してください。

　また、メモリ不足のため動作しないこともあります。

　なお、「64bit」の「OS」のパソコンで開発していますが、「32bit」のパソコンでも動作することを確認しています。

[免責事項]

　プログラムの使用にあたって生じたトラブルは、著者および工学社は一切の責任を負いません。また、プログラムリストは著作権法により保護されております。個人で利用する目的以外には使用できません。ネットワークへのアップロードなどは著者の許可なく行なうことはできません。

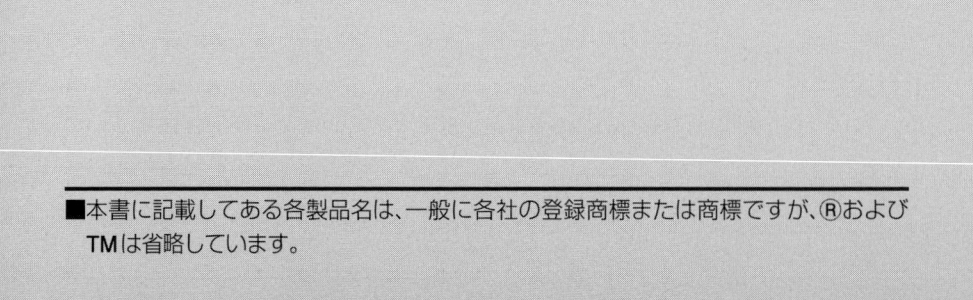

■本書に記載してある各製品名は、一般に各社の登録商標または商標ですが、®および
　TMは省略しています。

第1章

ポテンシャル流れ

Potential Flow

「粘性」を無視できる流体は、「完全流体」あるいは「理想流体」と言います。
「渦」のない「理想流体」は「ポテンシャル流れ」と呼ばれ、「複素関数論」を用いて導かれた数式によって、「流れ」を表現できます。
「ポテンシャル流れ」は、実在しない、「理想化された流体」を対象にしていますが、「流れ」の基本的な性質を知るうえで、重要です。

本章で作るプロジェクト

- 「一様流れ」「湧き出し(吸い込み)」「自由渦のポテンシャル流れ」
- 「円柱」に対する「ポテンシャル流れ」
- 「平板」に対する「ポテンシャル流れ」
- 「ジューコフスキーの翼形」に対する「ポテンシャル流れ」

第1章 ポテンシャル流れ
Potential Flow

1.1 「流体」の基礎

「流体」は自由に変形する性質があります。実在する「流体」は、程度の差はありますが、「粘性」があり、また、「圧縮性」があります。

最初に、本書を読み進めるうえで必要な、「流体」について、簡単に説明します。

1.1.1 「流体」に作用する力

図1.1は「流体」中に「立方体」の「微小ユニット」に作用する「圧力」と、「せん断応力」を示しています。

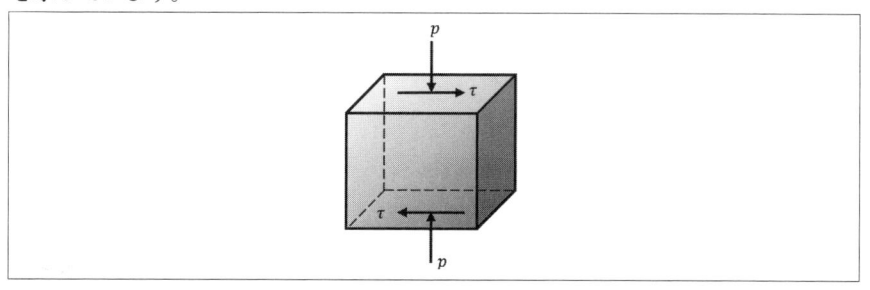

図 1.1　圧力とせん断応力

「固体の力学」と同じように「連続体」である「流体」にも、仮想的な面を想定し、「単位面積」当たりの「力」として「**面積力**」を定義しています。

「単位面積」当たりの「法線応力」を、「**圧力**」(pressure)と言います。

一方、「面に平行な応力」を、「**せん断応力**」(shear stress)と言います。

1.1.2 粘性

「粘性」は、「流体」の中で物体を移動させるときに「抵抗」として働きます。

「流体」同士でも、その相対運動を妨げるように作用します。

「水」よりも「油」のほうがべとつきやすく、「粘性」の強い「流体」です。

「せん断応力」は、この「粘性」によって発生します。

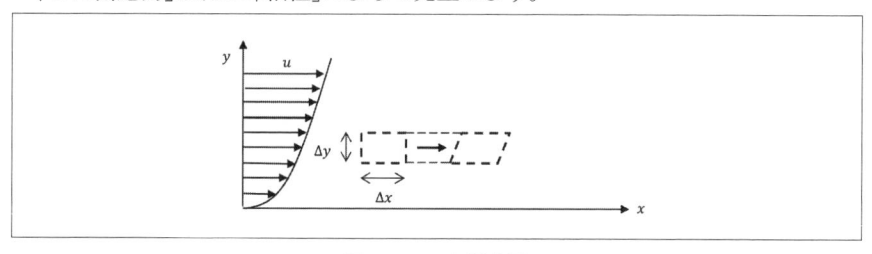

図 1.2　せん断変形

1.1 「流体」の基礎

x軸方向の「速度」(u)が図1.2に示すように変化しているとき、次式のような「せん断応力」を受けて「せん断変形」を生じます。

$$\tau = \mu \frac{\triangle u}{\triangle y} \tag{1.1}$$

この「比例係数」(μ)を「**粘度**」(viscosity)、あるいは「**粘性係数**」「**粘性率**」などと呼びます。

本書では、「速度ベクトル」を「$\boldsymbol{v}$」で、その「x,y」成分をそれぞれ「u,v」で表現します。

「2次元流体」では、「z軸方向」の「速度」は使いません。

1.1.3 回転

「流体」の「速度の大きさ」が、図1.3のように「位置的に変化」する場では、「流体の回転」が起こります。

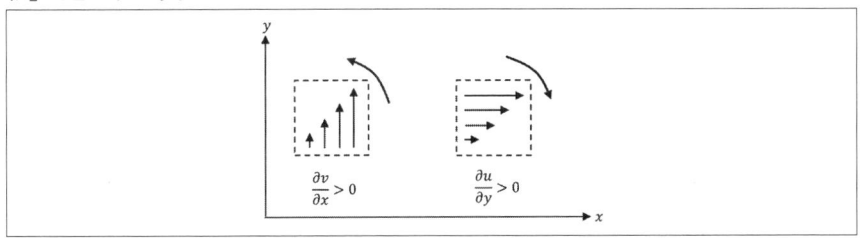

図 1.3 流体の回転

「微小ユニット」内で「y軸方向」の「速度」(v)が「$\partial v/\partial x > 0$」のように変化していると、そのユニットは、「反時計方向」に「回転」します(これを「正」の「z軸回転」と定義します)。

また、「$\partial u/\partial y > 0$」のように変化していると、「時計方向」に「回転」します(「負」の「z軸回転」と定義します)。

これらを合成した、

$$\omega = \frac{\partial v}{\partial x} - \frac{\partial u}{\partial y} \tag{1.2}$$

は、「**渦度**」(vorticity)と呼ばれます。

「3次元流体」では、「x軸」および「y軸」成分の渦度も存在します。

*

「渦」には「**自由渦**」と「**強制渦**」の2種類があります。

「自由渦」は「回転速度」が「回転中心」からの距離に「反比例」し、「強制渦」は「剛体回転」と同じように、「中心」からの距離に「比例」します。

第1章 ポテンシャル流れ
Potential Flow

図1.3の回転は、「強制渦」を表わしています。

＊

「自由渦」は、「渦度0」の「渦」です。

中心の速度が「無限大」になるような「渦」は、自然界には存在せず、「ある半径以下で強制渦」「外側で自由渦」になる、**組み合わせ渦**です。

台風や浴槽の排水時の「渦」は、「組み合わせ渦」です。

「ポテンシャル流れ」では、「自由渦」を扱います。

1.2 「流体」の分類

「流体」を解析するとき、以下のように分類します。

1.2.1 「粘性流体」か「非粘性流体」か

「粘度0」の「理想流体」は**非粘性流体**ですが、「実在する流体」は**粘性流体**です。

図1.4は「壁面近傍」での「理想流体」と、「実際の流体」の違いを示しています。

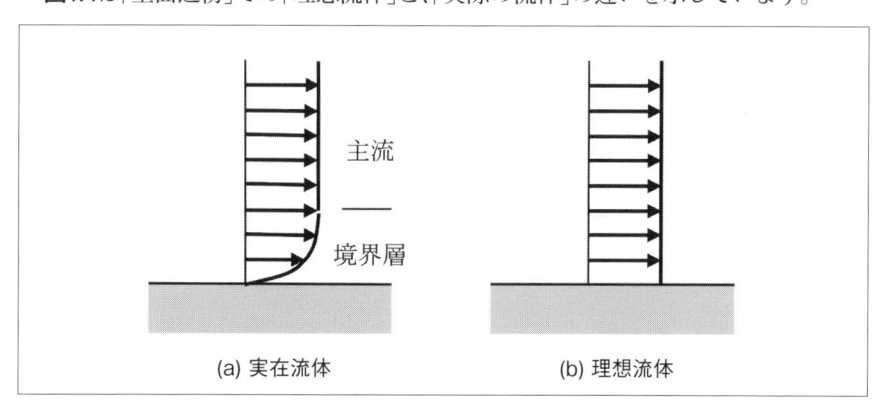

図 1.4 壁面付近の流速

「実在流体」では、「壁面」において「流速」は「0」となり、「壁面付近」の薄い層で、徐々に「主流の流速」に近づきます。

この「薄い層」を、**境界層**と言います。

一方、「粘度」を「0」と仮定した「理想流体」では、「せん断応力」を受けないため、「境界層」は現われず、「壁面」でも「主流と同じ流速」になります。

「実在流体」でも、「境界層から離れたところ」では「粘性」の影響が小さく、「理想流体」として近似できるため、「解析」が容易になります。

1.2.2 「ニュートン流体」か「非ニュートン流体」か

式(1.1)の微分形式は、

$$\tau = \mu \frac{du}{dy} \tag{1.3}$$

です。これを、「ニュートンの粘性法則」と言います。

この式が成り立つ「流体」を「ニュートン流体」と言い、成り立たない「流体」を「非ニュートン流体」と言います。

「空気」「水」「油」など、通常目にする流体は、「ニュートン流体」です。

1.2.3 「圧縮性流体」か「非圧縮性流体」か

「実在する流体」は、「強い圧力」が与えられると、程度の差はありますが、必ず「圧縮」するので、「**圧縮性流体**」です。

「圧縮性」を考慮する必要がない「流体」を、「**非圧縮性流体**」と言います。

「流体の速度」と「音速」の「比」を、「マッハ数」と言いますが、これが「0.3以下」のときは、「圧縮性」の影響は小さく、「非圧縮性流体」として扱えるようです。

本書では「非圧縮性流体」だけを扱います。

1.3 連続の式

「連続の式」は、「質量保存則」から導かれる重要な「支配方程式」のひとつであり、「非圧縮性流体」に対しては、

$$\nabla \cdot \boldsymbol{v} = 0 \tag{1.4}$$

です。ここで「∇」は、「勾配」(gradient)を表わす「ベクトル演算子」であり、次式で与えられます。

$$\nabla = \boldsymbol{i}\frac{\partial}{\partial x} + \boldsymbol{j}\frac{\partial}{\partial y} + \boldsymbol{k}\frac{\partial}{\partial z} \tag{1.5}$$

ここで「$\boldsymbol{i}, \boldsymbol{j}, \boldsymbol{k}$」は、それぞれ「$x, y, z$」方向の「単位ベクトル」です。

この「ベクトル演算子」と「速度ベクトル」との「内積」は、「スカラ」となり、「2次元」では、

$$\nabla \cdot \boldsymbol{v} = \frac{\partial u}{\partial x} + \frac{\partial v}{\partial y} \tag{1.6}$$

となります。

第1章 ポテンシャル流れ
Potential Flow

この右辺は、「単位体積当たりの発散」(「流出量」と「流入量」の差)を表わしており、「$\nabla \cdot$」は「発散」(divergence)を表わす「ベクトル演算子」です。

なお、「∇」とベクトル「A」の「外積」は、「回転演算子」(「curl」または「rotation」)と呼ばれ、

$$\nabla \times A = i\left(\frac{\partial A_z}{\partial y} - \frac{\partial A_y}{\partial z}\right) + j\left(\frac{\partial A_x}{\partial z} - \frac{\partial A_z}{\partial x}\right) + k\left(\frac{\partial A_y}{\partial x} - \frac{\partial A_x}{\partial y}\right) \quad (1.7)$$

となります。

すなわち、**式(1.2)**の「渦度」は「$\nabla \times v$」の「z成分」を表わしています。

1.4 ポテンシャル流れ

本章では、「粘性を無視」した「非圧縮性」の「理想流体」を扱い、**第4章**以降は、「粘性を考慮」した「非圧縮性」の「ニュートン流体」を扱います。

「渦度0」の「理想流体」の「流れ」を、「**ポテンシャル流れ**」(potential flow)と言います。「ポテンシャル流れ」を効率的に解くために、「2つ」の「スカラ関数」を導入します。「**速度ポテンシャル**」(velocity potential)と「**流れ関数**」(stream function)です。

1.4.1 速度ポテンシャル

「2次元」の「非圧縮性理想流体」に対し、次式のような「**速度ポテンシャル**」(ϕ)を定義します。

$$v = \nabla \phi = i\frac{\partial \phi}{\partial x} + j\frac{\partial \phi}{\partial y} \quad (1.8)$$

すなわち、「x方向速度成分」(u)、および「y方向速度成分」(v)は、

$$u = \frac{\partial \phi}{\partial x}, \quad v = \frac{\partial \phi}{\partial y} \quad (1.9)$$

となります。

これらを**式(1.2)**に代入すると、「渦度」は、

$$\omega = \frac{\partial}{\partial x}\left(\frac{\partial \phi}{\partial y}\right) - \frac{\partial}{\partial y}\left(\frac{\partial \phi}{\partial x}\right) = \frac{\partial^2 \phi}{\partial x \partial y} - \frac{\partial^2 \phi}{\partial x \partial y} = 0 \quad (1.10)$$

となり、「渦度0」の条件が満たされます。

一方、式(1.9)を、「連続の式」(1.4)に代入すると、「ラプラスの方程式」、

$$\nabla^2 \phi = 0 \tag{1.11}$$

を得ます。

ここで、「$\nabla^2 = \nabla \cdot \nabla$」は「ラプラス演算子」あるいは「ラプラシアン」と呼ばれるベクトル演算子で、「2次元直交座標」では、

$$\nabla^2 = \frac{\partial^2}{\partial x^2} + \frac{\partial^2}{\partial y^2} \tag{1.12}$$

です。したがって、式(1.11)は、

$$\frac{\partial^2 \phi}{\partial x^2} + \frac{\partial^2 \phi}{\partial y^2} = 0 \tag{1.13}$$

のように表記されることもあります。

「速度ポテンシャル」(ϕ)に対する式(1.11)および(1.13)の「ラプラスの方程式」は、「ポテンシャル流れ」の「基礎式」です。

なお、式(1.8)の「速度ポテンシャル」の「定義」では、流れは「ϕ」の低いほうから高いほうに起こります。

1.4.2 流れ関数

「流れ関数」(ψ)を、次式によって定義します。

$$u = \frac{\partial \psi}{\partial y}, \quad v = -\frac{\partial \psi}{\partial x} \tag{1.14}$$

「速度ポテンシャル」のときとは反対に、これらは「連続の式」を自動的に満たし、「渦度0」の「条件式」に代入して、「ラプラスの方程式」、

$$\nabla^2 \psi = 0 \tag{1.15}$$

を得ます。

「流れ関数」(ψ)は、「速度ポテンシャル」(ϕ)と同じように、「ポテンシャル流れ」の「基礎式」となります。

1.4.3 流線

「流れ」の中の、ある「位置」に注目したとき、「流れの方向」は、その「位置」における「速度ベクトル」の「方向」に一致します。

第1章 ポテンシャル流れ
Potential Flow

図1.5に示すように、曲線上のすべての位置で「接線」の方向が、その点の「速度ベクトル」に一致するとき、その曲線は「流線」(stream line)と呼ばれます。

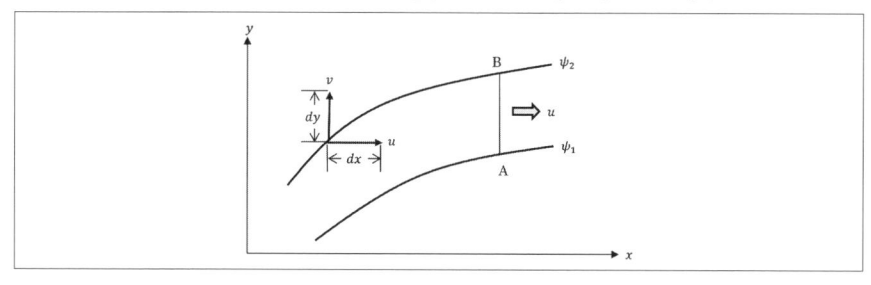

図 1.5 　流れ関数と流線

「流れの表面」に軽い粒子を置いたとき、その粒子の「軌跡」が「流線」です。

「流線上」のある「位置」の「x軸方向の微小変化分」(dx)は、「速度」(u)に比例し、「y軸方向の微小変化分」(dy)は、「速度」(v)に比例するので、「$dy/dx = v/u$」です。
すなわち、「流線」上では、

$$-vdx + udy = 0 \tag{1.16}$$

が成立します。一方、「流れ関数」(ψ)の「全微分」は、

$$d\psi = \frac{\partial \psi}{\partial x}dx + \frac{\partial \psi}{\partial y}dy$$

です。これに式(1.14)を代入し、式(1.16)を用いると、「$d\psi = 0$」となり、「流線」上では「流れ関数」(ψ)が一定になります。

「流れ関数」の「等高線」が「流線」であり、「速度ポテンシャル」の「等高線」と常に「直交」します。

「流体の単位時間当たりに流れる量」は、「断面積」と「その断面積の法線方向の速度」の「積」で与えられます。

図1.5において、2本の「流れ関数」に挟まれた「線分」を通り過ぎる「流体の量」を考えるとき、「z軸方向の厚さ」を「1」として、「単位厚さ当たりの流量」で求めます。
式(1.14)の第1式を用いて、

$$Q = \int_A^B u\,dy = \int_A^B \frac{\partial \psi}{\partial y}dy = \int_A^B d\psi = \psi_2 - \psi_1 \tag{1.17}$$

のように計算されます。

1.5 複素ポテンシャル

以上の関係を「複素数」で表現すると、「ポテンシャル流れ」を効率良く「数式」で表現できます。

1.5.1 複素数表現

座標(x, y)の「複素数表現」は、

$$z = x + iy \tag{1.18}$$

です。

ここで、「$i = \sqrt{-1}$」は虚数単位です。

「複素数」(z)は、**図1.6**に示す「複素平面」を表わします。

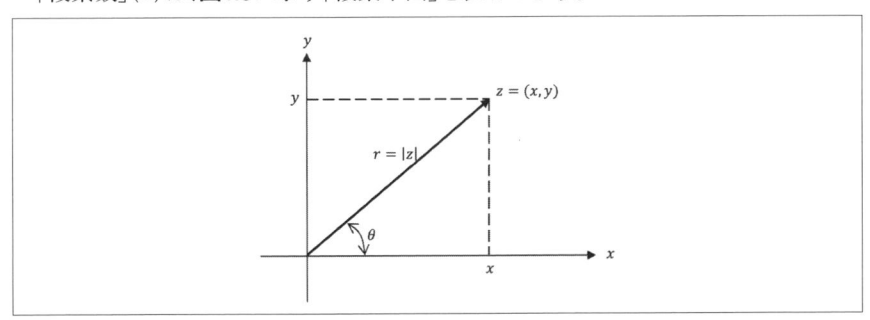

図 1.6　複素平面

原点から点(x, y)までの距離を「$r = |z|$」とすると、「オイラーの公式」を利用して、

$$z = r\cos\theta + ir\sin\theta = re^{i\theta} \tag{1.19}$$

のようにも表記できます。「$r = |z|$」を「絶対値」と言い、「θ」を偏角、「$re^{i\theta}$」を「極形式」と言います。

$$\begin{cases} r = |z| = \sqrt{x^2 + y^2} \\ \theta = \tan^{-1}\left(\dfrac{y}{x}\right) \end{cases} \tag{1.20}$$

ここで、「偏角」(θ)は、「2π」の整数倍の「不定性」があります。
通常は、$[0, 2\pi]$または$[-\pi, \pi]$の範囲に制限します。
どちらを使うかで結果が異なることがあるので、注意が必要です。

第1章 ポテンシャル流れ
Potential Flow

1.5.2 複素ポテンシャル

「速度ポテンシャル」(ϕ)と「流れ関数」(ψ)で構成される「複素関数」、

$$W = \phi + i\psi \tag{1.21}$$

を「複素速度ポテンシャル」または、単に「複素ポテンシャル」と呼びます。

式(1.9)と式(1.14)を用いると、

$$\begin{cases} \dfrac{\partial \phi}{\partial x} = \dfrac{\partial \psi}{\partial y} \\ \dfrac{\partial \phi}{\partial y} = -\dfrac{\partial \psi}{\partial x} \end{cases} \tag{1.22}$$

が成立します。

これは、「コーシー=リーマンの関係式」であり、「ϕ」と「ψ」は互いに「共役」な「調和関数」と言えます。

「ϕ」と「ψ」の「偏導関数」が連続で「コーシー=リーマンの関係式」を満たす「複素関数」は、「正則関数」と呼ばれ、「微分可能性」が保証されます。

「正則」でない点があれば、その点は「特異点」と呼ばれます。

「ϕ」と「ψ」は、「x」および「y」を変数にもつ関数なので、「W」は「z」の関数です。
「正則関数」ではどの方向に微分しても同じなので、「$W(z)$」の微分を「w」とすると、

$$w = \frac{dW}{dz} = \frac{\partial W}{\partial x}\frac{\partial x}{\partial z} = \frac{\partial W}{\partial x} = \frac{\partial \phi}{\partial x} + i\frac{\partial \psi}{\partial x} = u - iv \tag{1.23}$$

で与えられます。

「$w = u - iv$」は「共役複素速度」と呼ばれます。

1.6 ポテンシャル流れの具体例

「複素ポテンシャル」を用いて、「ポテンシャル流れ」の具体例を示します。

1.6.1 一様流れ

x軸方向の「一様な流れ」では、「速度」(u)は「一定速度」(U)となり、

$$U = \frac{d\phi}{dx}, \quad U = \frac{\partial \psi}{\partial y} \tag{1.24}$$

で与えられます。

原点における「ポテンシャル」および「流れ関数」を「0」とすると、

$$\phi = Ux, \quad \psi = Uy \tag{1.25}$$

となります。

「複素ポテンシャル」の定義により、

$$W = \phi + i\psi = U(x + iy) = Uz \tag{1.26}$$

のように表現できます。

x軸と「角度」(α)をなす「流速」(U)の「一様流れ」は、

$$W = Ue^{-i\alpha}z \tag{1.27}$$

で与えられます。
なぜなら、「共役複素速度」は、上式を「z」で微分し、「オイラーの公式」を使えば、

$$w = \frac{dW}{dz} = Ue^{-i\alpha} = U(\cos\alpha - i\sin\alpha)$$

となり、「共役複素速度」の定義式(1.23)から、

$$u = U\cos\alpha, \quad v = U\sin\alpha \tag{1.28}$$

が得られます。
式(1.27)に「$z = x + iy$」を代入し、「実部」と「虚部」を求めると、

$$\begin{cases} \phi = U(x\cos\alpha + y\sin\alpha) \\ \psi = U(y\cos\alpha - x\sin\alpha) \end{cases} \tag{1.29}$$

となります。

第1章 ポテンシャル流れ
Potential Flow

傾斜角が「$\alpha = 15°$」のときの実行例を、**図1.7**に示します。

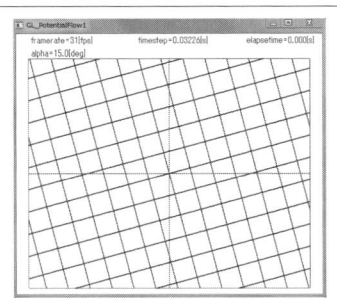

図1.7　一様流れ（GL_PotentialFlow1）
流線（黒）と速度ポテンシャルの等高線（赤）を示している。

パソコンの実行画面には、「速度ポテンシャル」は「赤」で表示され、「流線」は「黒」で表示されます。

プログラムについては**1.8節**で説明します。

1.6.2　「湧き出し」と「吸い込み」

「湧き出し」と「吸い込み」を表現する「複素ポテンシャル」は、

$$W = \frac{Q}{2\pi} \log z \tag{1.30}$$

です。

「Q」は単位厚さ当たりの流量であり、「Q」が「正」のときは「**湧き出し**」、「Q」が「負」のときは「**吸い込み**」となります。

これは、「原点から放射状に流出」(あるいは「原点に流入」)する「流れ」を表わしています。

「極形式」($z = re^{i\theta}$)を用いると、

$$W = \frac{Q}{2\pi} \log z = \frac{Q}{2\pi}\left(\log r + i\theta\right) \tag{1.31}$$

となり、「速度ポテンシャル」と「流れ関数」は、

$$\begin{cases} \phi = \dfrac{Q}{2\pi} \log r \\ \psi = \dfrac{Q}{2\pi} \theta = \dfrac{Q}{2\pi} \tan^{-1} \dfrac{y}{x} \end{cases} \tag{1.32}$$

1.6 ポテンシャル流れの具体例

で与えられます。

「共役複素速度」は、

$$w = \frac{dW}{dz} = \frac{Q}{2\pi}\frac{1}{z} = \frac{Q}{2\pi r}e^{-i\theta} = \frac{Q}{2\pi r}\left(\cos\theta - i\sin\theta\right) \quad (1.33)$$

より、

$$u = \frac{Q}{2\pi r}\cos\theta = \frac{Q}{2\pi r}x, \quad v = \frac{Q}{2\pi r}\sin\theta = \frac{Q}{2\pi r}y \quad (1.34)$$

となります。「絶対速度」は、

$$V_r = \sqrt{u^2 + v^2} = \frac{Q}{2\pi r} \quad (1.35)$$

であり、「中心から外側に向かう動径方向」(放射方向)の速度です。

「$r = 0$」において、「絶対速度」は「無限大」になり、式(1.31)の「$\log r$」は「負の無限大」になります。

一般に、

$$\log(r - r_0)$$

は、「$r = r_0$」で「**対数的特異点**」になります。

*

実行例を図1.8に示します。

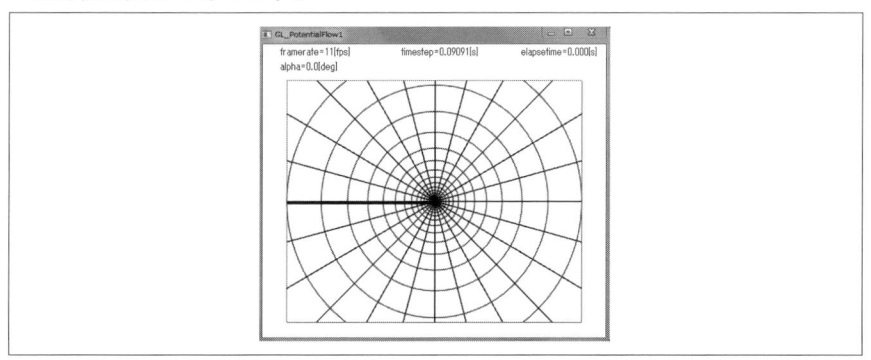

図1.8 湧き出し(GL_PotentialFlow1)
同心円は速度ポテンシャルの等高線,放射状の線は流線である。

第1章 ポテンシャル流れ
Potential Flow

「同心円」は「速度ポテンシャル」の「等高線」であり、「放射状の線」が「流線」です。「負のx軸」上に「流線」の太い線があります。

これは、式(1.32)の「ψ」を計算するときに「偏角」(θ)の範囲を$[-\pi,\pi]$で計算したためです。

1.6.3 対になった「湧き出し」と「吸い込み」

x軸上に原点から「$-a$」の位置に「湧き出し点」が、「a」の位置に「吸い込み点」があって、同じ「流量」だとすると、「複素ポテンシャル」は、

$$W = \frac{Q}{2\pi} \log \frac{z+a}{z-a} \tag{1.36}$$

で与えられます。

$$x_1 = x+a, \quad x_2 = x-a$$
$$r_1 = \sqrt{x_1^2+y^2}, \quad r_2 = \sqrt{x_2^2+y^2}, \quad \theta_1 = \tan^{-1}\frac{y}{x_1}, \quad \theta_2 = \tan^{-1}\frac{y}{x_2}$$

とすると「速度ポテンシャル」と「流れ関数」は、

$$\begin{cases} \phi = \dfrac{Q}{2\pi} \log \dfrac{r_1}{r_2} \\ \psi = \dfrac{Q}{2\pi}(\theta_1 - \theta_2) \end{cases} \tag{1.37}$$

となります。「共役複素速度」は、

$$w = \frac{Q}{2\pi}\left(\frac{1}{z+a} - \frac{1}{z-a}\right) = \frac{Q}{2\pi}\left(\frac{e^{-i\theta_1}}{r_1} - \frac{e^{-i\theta_2}}{r_2}\right) = \frac{Q}{2\pi}\left(\frac{\cos\theta_1}{r_1} - \frac{\cos\theta_2}{r_2}\right) - i\frac{Q}{2\pi}\left(\frac{\sin\theta_1}{r_1} - \frac{\sin\theta_2}{r_2}\right)$$

なので、「速度成分」は、

$$\begin{cases} u = \dfrac{Q}{2\pi}\left(\dfrac{\cos\theta_1}{r_1} - \dfrac{\cos\theta_2}{r_2}\right) = \dfrac{Q}{2\pi}\left(\dfrac{x_1}{r_1^2} - \dfrac{x_2}{r_2^2}\right) \\ v = \dfrac{Q}{2\pi}\left(\dfrac{\sin\theta_1}{r_1} - \dfrac{\sin\theta_2}{r_2}\right) = \dfrac{Q}{2\pi}\left(\dfrac{y}{r_1^2} - \dfrac{y}{r_2^2}\right) \end{cases} \tag{1.38}$$

で与えられます。

1.6 ポテンシャル流れの具体例

実行例を図1.9に示します。左右の円群が「速度ポテンシャル」で、上下の円群が「流線」です。

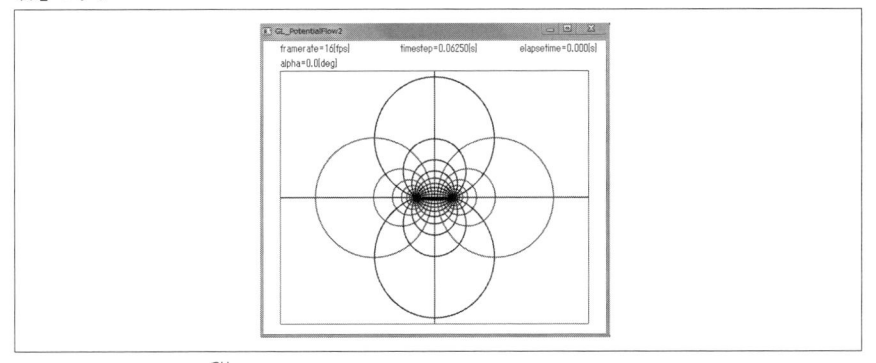

図1.9 対になった「湧き出し」と「吸い込み」(GL_PotentialFlow2)

1.6.4 二重湧き出し(ダブレット)

「対」になった「湧き出し」と「吸い込み」において、強さ「$m = Q/2\pi$」と距離「$2a$」の積「$k = 2am$」を一定に保ちながら、距離を「0」にしてみます。

「$2a \to 0$」の極限では、微分の定義を用いて、式(1.36)は、

$$W = 2am \lim_{2a \to 0} \frac{\log(z+a) - \log(z-a)}{2a} = k\frac{d}{dz}\log z = \frac{k}{z} = \frac{k(x-iy)}{x^2 + y^2} \tag{1.39}$$

となります。したがって、

$$\phi = \frac{kx}{x^2 + y^2}, \quad \psi = -\frac{ky}{x^2 + y^2} \tag{1.40}$$

を得ます。

これらは、「$a = k/2\phi$」「$b = k/2\psi$」と置くと、それぞれ、

$$(x-a)^2 + y^2 = a^2 、 x^2 + (y+b)^2 = b^2 \tag{1.41}$$

となります。

「等ポテンシャル線」の中心は「軸上」にあり、原点において「y軸に接する円群」、「流線」の中心は「y軸上」にあり、原点において「x軸に接する円群」となっています。

また、

$$z^2 = r^2 e^{i2\theta}$$
$$1/z^2 = (\cos 2\theta - i\sin 2\theta)/r^2 = (\cos^2\theta - \sin^2\theta - i2\cos\theta\sin\theta)/r^2$$

第1章 ポテンシャル流れ
Potential Flow

を利用すると、「共役複素速度」は、

$$w = \frac{dW}{dz} = -\frac{k}{z^2} = -\frac{k}{r^4}(x^2 - y^2 - i2xy) \tag{1.42}$$

よって、

$$u = -\frac{k}{r^4}(x^2 - y^2), \quad v = -\frac{2kxy}{r^4} \tag{1.43}$$

を得ます。

*

なお、x軸と角度「α」をなす「一様流れ」に対しては、式(1.27)に示したように、「$e^{-i\alpha}$」を乗じていました。

式(1.39)から分かるように、「ダブレット」に対しては「$W = k/z$」のように「z」が分母に存在するので、「$e^{i\alpha}$」を乗じることに注意してください。

「ダブレット」に対する結果は、「$k = UR^2$」としたときの「速度ポテンシャル」「流れ関数」は、

$$\phi = \frac{UR^2}{r^2}(x\cos\alpha + y\sin\alpha), \quad \psi = \frac{UR^2}{r^2}(x\sin\alpha - y\cos\alpha) \tag{1.44}$$

速度は、

$$u = -(c_1\cos\alpha + c_2\sin\alpha), \quad v = c_1\sin\alpha - c_2\cos\alpha \tag{1.45}$$

のようになります。ただし、

$$c_1 = UR^2(x^2 - y^2)/r^4, \quad c_2 = 2UR^2 xy/r^4$$

です。「R」は次項に示すように、「円柱の半径」を表わしています。

図1.10に「ダブレット」の実行例を示します。

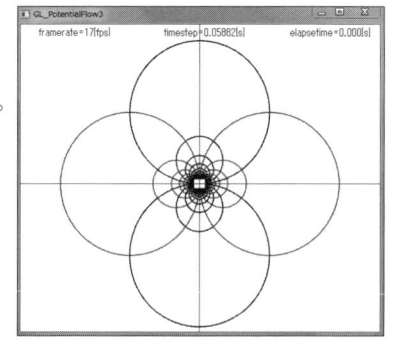

図1.10 ダブレット(GL_PotentialFlow3)

1.6 ポテンシャル流れの具体例

1.6.5 一様流れ場におけるダブレット

「複素ポテンシャル」は「重ね合わせ」ができるので、原因が異なる2つ以上の「流れ」を、単純に足し合わせて「1つ」の流れとしてつくることができます。

*

いま、「ダブレット」の強さを「$k = UR^2$」とおき、速度「U」の一様な「流れ場」に置くと、「複素ポテンシャル」は、

$$W = U\left(z + \frac{R^2}{z}\right) = U\left(x + \frac{R^2}{r^2}x + iy - i\frac{R^2}{r^2}y\right) \quad (1.46)$$

となります。

したがって、

$$\begin{cases} \phi = U\left(1 + \dfrac{R^2}{r^2}\right)x = U\left(r + \dfrac{R^2}{r}\right)\cos\theta \\ \psi = U\left(1 - \dfrac{R^2}{r^2}\right)y = U\left(r - \dfrac{R^2}{r}\right)\sin\theta \end{cases} \quad (1.47)$$

を得ます。

「$r = R$」において「$\psi = 0$」となります。

図1.11に示すように、「円状の流線」によって「内部」と「外部」の2つの領域に分かれます。

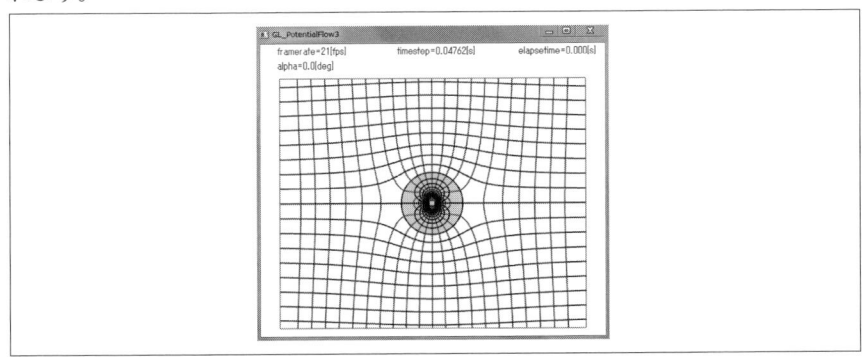

図1.11 一様流れ場におかれたダブレット（GL_PotentialFlow3）

「外部領域」は、あたかも「半径」（R）の「不透明の円柱」が置かれたときの、「一様流れ」の様子を表わしています。

このように、「ダブレット」は、「円柱」が存在するときの「ポテンシャル流れ」を調べ

第1章 ポテンシャル流れ
Potential Flow

るときに利用されます。

「円柱表面」の「流速」は、

$$V_\theta = \left(\frac{\partial \phi}{\partial s}\right)_{r=R} = \left(\frac{1}{r}\frac{\partial \phi}{\partial \theta}\right)_{r=R} = -2U\sin\theta \qquad (1.48)$$

になります。

1.6.6 自由渦

「自由渦」の「複素ポテンシャル」は、

$$W = -i\frac{\Gamma}{2\pi}\log z = \frac{\Gamma}{2\pi}\theta - i\frac{\Gamma}{2\pi}\log r \qquad (1.49)$$

です。ここで、「Γ」は「自由渦」の強さであり、「循環」と呼ばれます。

「速度ポテンシャル」および「流れ関数」は、次式で与えられます。

$$\phi = \frac{\Gamma}{2\pi}\theta, \quad \psi = -\frac{\Gamma}{2\pi}\log r \qquad (1.50)$$

「自由渦」の例を**図1.12**に示します。

「同心円」が「流線」となり、原点から出る「放射状の線」が「ポテンシャル」を表わしています。

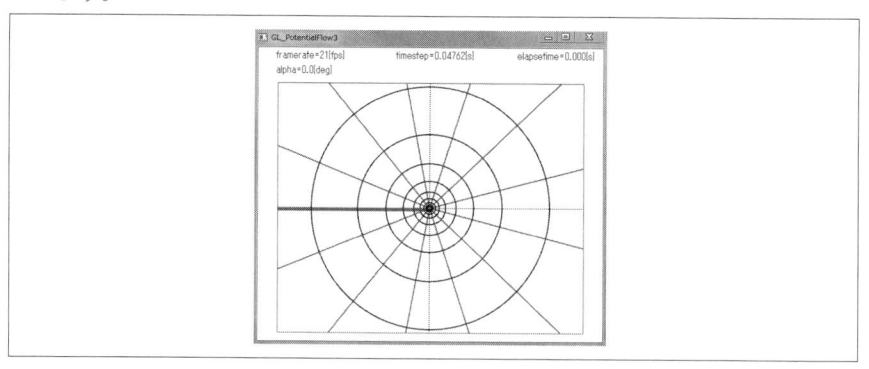

図1.12　自由渦（GL_PotentialFlow3）
同心円が「流線」、放射状の線が「等ポテンシャル線」である。

「$\theta = \tan^{-1}\frac{y}{x}$」は「左回り」の角度なので、「渦」の方向を「右回り」にするときは、「Γ」を「負」とします。

「共役複素速度」は、

$$w = \frac{dW}{dz} = -i\frac{\Gamma}{2\pi z} = -\frac{\Gamma}{2\pi r}\sin\theta - i\frac{\Gamma}{2\pi r}\cos\theta \qquad (1.51)$$

で与えられ、「速度」は、

$$u = -\frac{\Gamma}{2\pi r}\sin\theta = -\frac{\Gamma}{2\pi r}y, \quad v = \frac{\Gamma}{2\pi r}\cos\theta = \frac{\Gamma}{2\pi r}x \qquad (1.52)$$

となります。「同心円の流線」上の「流速」は、

$$V_t = \frac{\Gamma}{2\pi r} \qquad (1.53)$$

で与えられ、「接線方向」となります。

1.6.7 回転する円柱周りの流れ

1.6.5において、「一様流れ」の場に「ダブレット」を置くと、「円柱周り」の「流れ」を見ることができました。

さらに、「渦」を重ねると、回転する「円柱周り」の「流れ」をつくることができます。

合成された「複素ポテンシャル」は、

$$W = U\left(z + \frac{R^2}{z}\right) - i\frac{\Gamma}{2\pi}\log z \qquad (1.54)$$

です。円柱表面の「流速」は、式(1.48)と式(1.52)により、

$$V_\theta = -2U\sin\theta + \frac{\Gamma}{2\pi R} \qquad (1.55)$$

で与えられます。

第1章 ポテンシャル流れ
Potential Flow

図1.13は「$\Gamma < 0$」のときの実行例です。

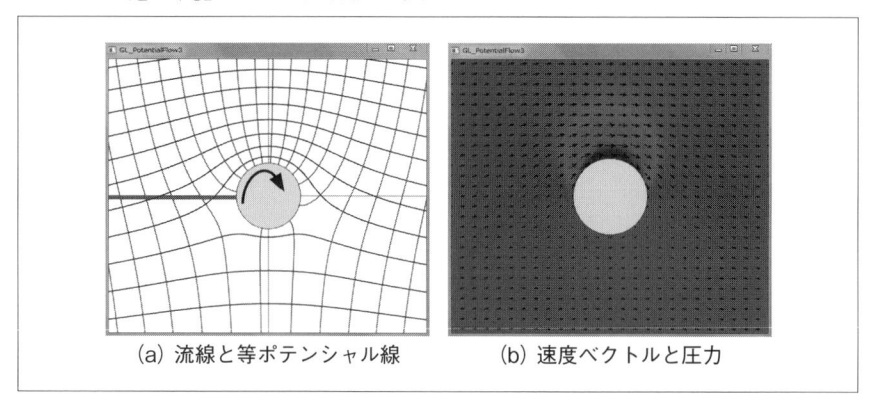

(a) 流線と等ポテンシャル線　　(b) 速度ベクトルと圧力

図1.13　回転する円柱周りのポテンシャル流れ（GL_PotentialFlow3）

円柱の上部では、「一様流れ」と「回転の流れ」が「同方向」、下部では「逆方向」となります。

(a)には「流線」と「等ポテンシャル線」を示しています。
「流線」は円柱の上側で「密」になり、下部では「疎」になっています。
(b)には「圧力」と「速度」を示しています。

「ベルヌーイの定理」によれば、「流速」と「圧力」の関係が、次式で与えられます。

$$p + \frac{1}{2}\rho v^2 + \rho gh = 一定 \tag{1.56}$$

ここで、「ρ」は「流体の密度」で、「g」は「重力加速度」、「h」は「高さ」です。
「高さ」の影響を無視し、「流速0」のとき「圧力」を最大値「$p_{max}=1$」とすると、

$$p = 1 - \frac{1}{2}\rho v^2$$

となります。
想定した「流速最大値」(v_{max})のときの「圧力」を、「最小値」($p_{min}=0$)とすると、

$$p = 1 - \left(\frac{v}{v_{max}}\right)^2 \tag{1.57}$$

を得ます。
パソコン画面には、「$p=1$」を「赤」で表示し、「$p=0.5$」を「緑」、「$p=0$」を「青」で表示しています。

1.7 等角写像

「循環」(Γ)があるとき、「円柱」は上方向に「揚力」($\rho U \Gamma$)が働き、「**クッタ＝ジューコフスキーの定理**」と呼ばれています。

図を見ると分かるように、「円柱の上部」では流れが速く、下部では遅くなっており、回転するボールに働く力(マグナス効果)を、定性的に説明しています。

1.7 等角写像

2つの複素平面「$z = x + iy$」および「$\zeta = \xi + i\eta$」があり、これらが「解析関数(写像関数)」($z = f(\zeta)$)で関係づけられているとき、「ζ平面」上の1点は「z平面」上の1点に対応します。

さらに、「ζ平面」上の2本の線分と、「z平面」上の写像された2本の線分は、同じ角度で交わるので「**等角写像**」と呼ばれます。

「物理空間」(z平面)において、直接求めることが困難な「ポテンシャル流れ」を、この「等角写像」を利用することで容易に解けます。

すなわち、「写像空間」(「ζ平面」「計算平面」)において既知の簡単な形状に対して「複素速度ポテンシャル」($W(\zeta)$)を求め、「写像関数」($z = f(\zeta)$)によって「写像」し、「物理空間」における「複素速度ポテンシャル」($W(z)$)を取得します。

1.7.1 平板があるときの流れ

いま、「写像関数」として、

$$z = \zeta + \frac{R^2}{\zeta} \tag{1.58}$$

をとりあげます。

「$\zeta = \xi + i\eta$」を「極形式」($\zeta = re^{i\theta}$)で表わし、両辺を「実部」と「虚部」に分けると、

$$\begin{cases} x = \left(r + \dfrac{R^2}{r}\right)\cos\theta \\ y = \left(r - \dfrac{R^2}{r}\right)\sin\theta \end{cases} \tag{1.59}$$

となります。

ここで、「$r = R$」と置くと、「$x = 2R\cos\theta$」「$y = 0$」となるので、「ζ平面」における「半径」(R)の円は、「z平面」ではx軸上の長さ「$4R$」の線分に「写像」されます。

式(1.58)は「ジューコフスキー変換」と呼ばれます。

第1章 ポテンシャル流れ
Potential Flow

これを利用すると、「平板」が存在するときの「流れ」の問題を解くことができます。

「写像関数」を、

$$z = \zeta + \frac{R^2}{\zeta} e^{-i2\alpha} \tag{1.60}$$

とすると、「物理面」では、

$$\begin{cases} x = r\cos\theta + \dfrac{R^2}{r}\cos(\theta + 2\alpha) \\ y = r\sin\theta - \dfrac{R^2}{r}\sin(\theta + 2\alpha) \end{cases} \tag{1.61}$$

であり、「円柱表面」($r = R$)に対しては、

$$\begin{cases} x = 2R\cos\alpha\cos(\theta + \alpha) \\ y = -2R\sin\alpha\cos(\theta + \alpha) \end{cases} \tag{1.62}$$

となり、「勾配：$-\tan\alpha$」で「長さ」($l = 4R$)の直線になります。

すなわち、「ζ平面」における「半径」(R)の「円」は、図1.14のように「z平面」では「x軸」から「$-\alpha$」傾けた長さ「$4R$」の線分に「写像」されます。

a) 計算面「$\zeta = \xi + i\eta$」　　b) 物理面「$z = x + iy$」

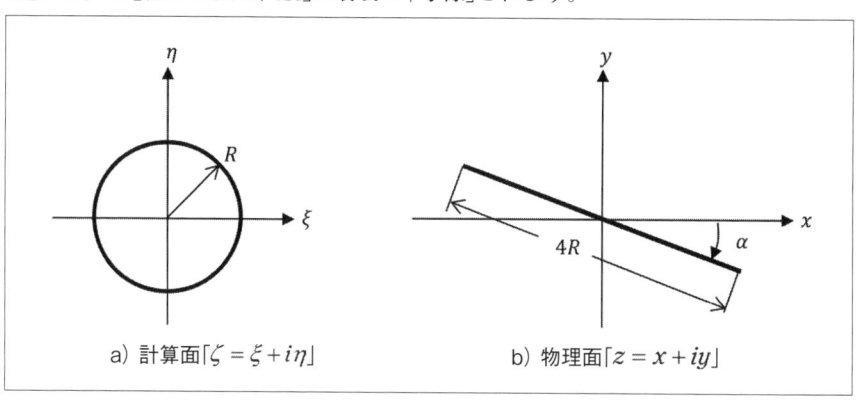

図1.14　$z = \zeta + \dfrac{R^2}{\zeta} e^{-i2\alpha}$ の写像変換

これによって、「$-x$方向」から「$+x$方向」へ流れる「一様流れ場」に「迎え角」(α)の「平板」を置いたときの「ポテンシャル流れ」を求めることができそうです。

*

1.7 等角写像

まず、「ζ平面」において、「円柱」が存在するときの「一様流れ場」の「ポテンシャル流れ」を「傾斜角」($\alpha = 0$)で求めます。

これは、**1.6.5項**で説明した「一様流れ場」の「ダブレット」の「ポテンシャル流れ」を参考にすると、「複素速度ポテンシャル」を、

$$W(\zeta) = U\left(\zeta + \frac{R^2}{\zeta}\right) \tag{1.63}$$

で求めることに相当します。

この結果に対し、**式(1.60)**の「写像変換」を実行し、「物理平面」に変換します。

「循環」(Γ)の「渦」を考慮するときは、

$$W(\zeta) = U\left(\zeta + \frac{R^2}{\zeta}\right) - i\frac{\Gamma}{2\pi}\log\zeta \tag{1.64}$$

とします。

「循環」がなければ、「流線」は「前縁」および「後縁」において、「上向き」の「回り込み」が存在します。

実際の「翼」では、「翼の上下面」を通過した「流れ」は、「後縁」で滑らかに合流します。この「流出条件」は、「**クッタの条件**」と呼ばれます。

「クッタの条件」を満たすために、**式(1.64)**のように「循環」(Γ)の「渦」($-i(\Gamma/2\pi)\log\zeta$)を追加し、「円柱」上で「共役複素ベクトル」が「0」となるようにします。

すなわち、

$$\left[\frac{dW(\zeta)}{d\zeta}\right]_{\zeta=R} = U\left(e^{-i\alpha} - e^{i\alpha}\right) - i\frac{\Gamma}{2\pi R} = 0$$

です。これから、「クッタの条件」を満たす「循環」は、

$$\Gamma = -4\pi RU \sin\alpha \tag{1.65}$$

です。「翼」に働く「揚力」は、「クッタ=ジューコフスキーの定理」より、

$$L = \rho U|\Gamma| = 4\pi\rho RU^2 \sin\alpha \tag{1.66}$$

で与えられます。

「一様流れ」の「速度」を($1[\mathrm{m/s}]$)とし、「平板の長さ」が($4R = 0.6[\mathrm{m}]$)で、「迎え角」が($\alpha = 30°$)のときの実行例を**図1.15**に示します。

45

第1章 ポテンシャル流れ
Potential Flow

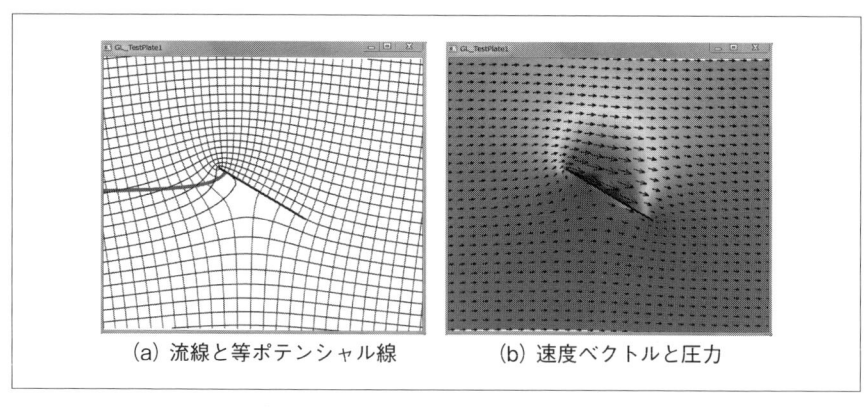

(a) 流線と等ポテンシャル線 　　　(b) 速度ベクトルと圧力

図1.15　平板に対するポテンシャル流れ（GL_PotentialPlate）

このときの「循環」は、式(1.65)から求められる「$\Gamma = -0.942 \, [\mathrm{m}^2/\mathrm{s}]$」です。

このように、「クッタの条件」を満たす「循環」を与えると、「平板」の上下面を通過した「流れ」は、「後縁」で滑らかに合流するようになります。

1.7.2　ジューコフスキーの翼形

「写像変換」の式(1.58)によって、「ζ平面」における「半径」(R)の円は、「z平面」では「長さ」($4R$)の線分に「写像」されました。

「ジューコフスキー変換」はこれだけでなく、「$r > 4R$」の「円」は「楕円」に「写像」され、さらに中心をズラすことによって「ジューコフスキーの翼形」と呼ばれる、「翼断面」の「プロファイル」をつくることができます。

図1.16に示すように、「ζ平面」において、中心位置が「$\zeta_0 = (\xi_0, \eta_0)$」にある「半径」($R$)の「円」を考えます。

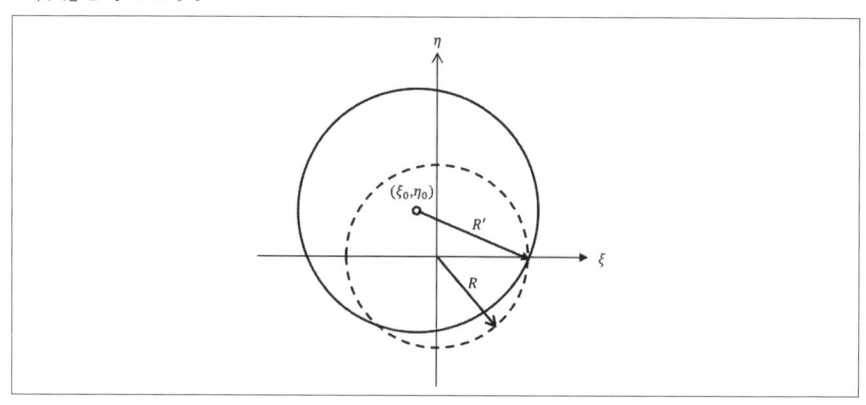

図1.16　ジューコフスキーの翼形をつくるための計算平面における円柱

1.7 等角写像

「$x > 0$」の「x軸」との交点が、「円柱の半径」(R)の「円」と交差するように、「半径」(R)を決めます。

$$R' = R\sqrt{\left(1 - \frac{\xi_0}{R}\right)^2 + \left(\frac{\eta_0}{R}\right)^2} \tag{1.67}$$

「ξ_0 / R」を「負の大きな値」にするほど、「ふくらみ」が大きくなり、「η_0 / R」を「正の大きな値」にするほど、「上方に凸」の「弓型」になります。

「前縁」では「丸み」があり、「後縁」では数学的に「尖点(せん)」と呼ばれる尖(とが)った「プロファイル」になります。

*

前項と同じように、「ζ平面」において、式(1.63)の「ポテンシャル流れ」を求めた後で、式(1.60)のように「写像変換」すると、「翼の形状」も影響を受けてしまいます。

プロジェクト「GL_PotentialWing」では、式(1.63)の代わりに「x軸」と「角度」(α)をなす「流れ」に対する「複素ポテンシャル」、

$$W(\zeta) = U\left(\zeta e^{-i\alpha} + \frac{R^2}{\zeta} e^{i\alpha}\right) - i\frac{\Gamma}{2\pi}\log\zeta \tag{1.68}$$

を求め、その結果を、次式による「写像変換」で「物理面」に「写像」しています。

$$z = \frac{R'}{R}\zeta + \zeta_0 + \frac{R^2}{\frac{R'}{R}\zeta + \zeta_0} \tag{1.69}$$

最後に、「$-\alpha$」だけ全体を回転しています。

「$R = 0.15$[m]」「$U = 1$[m/s]」「$\xi_0 / R = -0.1$」「$\eta_0 / R = 0.2$」「$\alpha = 20°$」「$\Gamma = -0.967$」のときの実行例を、図1.17に示します。

第1章 ポテンシャル流れ
Potential Flow

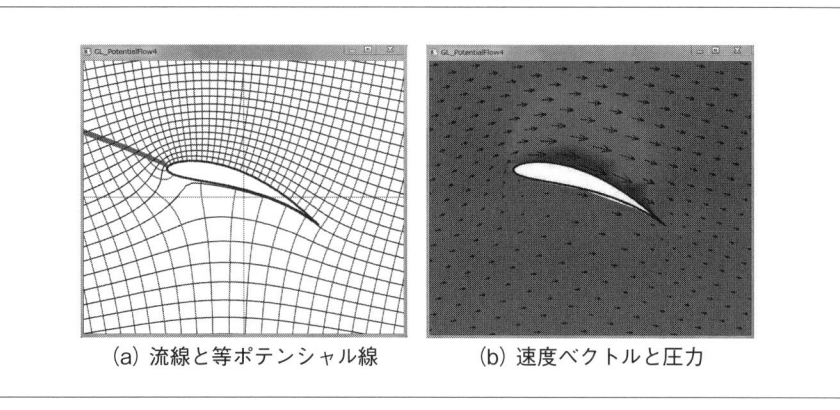

(a) 流線と等ポテンシャル線　　(b) 速度ベクトルと圧力

図1.17　「ジューコフスキーの翼形」のポテンシャル流れ（GL_PotentialWing）

1.8 プログラムの説明

本章のすべてのプロジェクトにおいて、「一様流れ」と「自由渦」は組み込まれており、他の「流れ」と組み合わせて実行できます。

ここで、プログラムの一部を説明します。
本書のすべてのプロジェクトにおいて、「GUT」(Graphical User Interface)として「GLUI」を利用しています。
プロジェクトの作成については、次節で説明します。

1.8.1 「湧き出し」または「吸い込み」

プロジェクト「GL_PotentialFlow1」は、「湧き出し」または「吸い込み」と、「一様流れ」および「自由渦」を組み合わせて実行できるプロジェクトです。

プロジェクトを実行すると、「GLUT」がつくる「表示ウィンドウ」(main window)と、その右横に、「GLUI」のメインとなる「ウィンドウ」(GLUI-MAIN)が表示されます。

「[Rect]パネル」の「テキスト・ボックス」(エディットボックス)によって、「計算領域」の「大きさ」と「分割数」を変更できます。
「[Execute]ボタン」をクリックすると、計算が実行されます。
計算結果は、「[Initialize]ボタン」でクリアされます。

「[Kind]パネル」で「ポテンシャル流れ」の種類を変更できます。
この実行例では、「チェックボックス」をすべてチェックしているので、3種類の「ポ

1.8 プログラムの説明

テンシャル流れ」が重ね合わさって計算されます。

「[Velocity]スピナー」で「一様流れ」の速度の大きさを、[alpha (deg)]で「傾斜角」(α)を変更できます。

[Q_Value]で「湧き出し」の「流量」を変更できます。

「負」にすると「沈み込み」になります。

[Gamma]で「循環の強さ」を変更できます。

これらを変更したときは、「[Execute]ボタン」をクリックします。

「[Display]パネル」の「[scale]スピナー」で「表示領域」の拡大縮小を調整でき、[pos0.y]および[pos0.x]で「位置」を調整できます。

「チェックボックス」の[potential][stream]で、それぞれ「等ポテンシャル線」「流線」の表示を選択できます。

これらの「表示本数」や「表示範囲」は共通であり、それぞれ、[nLine]および[range]で変更できます。

[velocity]をチェックすると、「格子点の位置」の「速度ベクトル」が表示されます。

「矢印の長さ」を[scaleArrow]で、「ラジオボタン」[Thin][Thick]で「太さ」を変更できます。

[grid]をチェックすると、「格子」が表示されます。

「表示ウィンドウ」の上部には、「フレームレート」「タイム・ステップ」「経過時間」「一様流れの傾斜角」などが表示されています。

「[Parameter Show]ボタン」でこれらの「表示／非表示」を切り替えることができます。

図1.18に「GL_PotentialFlow1」の実行例を示します。

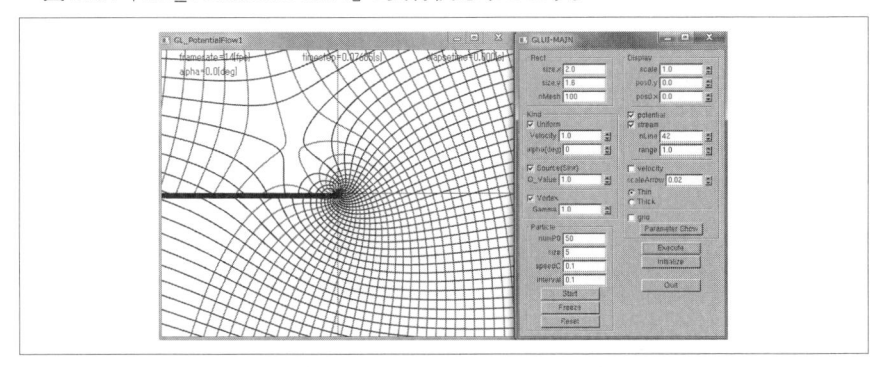

図1.18　プロジェクトGL_PotentialFlow1の実行例
「一様流れ」と「湧き出し」と「自由渦」を重ね合わせたときの流線と等ポテンシャル線。

第1章 ポテンシャル流れ
Potential Flow

「表示ウィンドウ」には、合成された「流線」と「等ポテンシャル線」が表示されています。

リスト1.1に「ポテンシャル流れ」(「速度ポテンシャル」「流れ関数」「速度」)を求める「ルーチン」を示します。

「湧き出し」と「自由渦」に対しては、「原点」で「対数的特異点」になるため、「格子間隔」の「1/1000」だけズラしています。

リスト1.1 「glPotentialFlow1.cpp」の「calculate ()ルーチン」

```cpp
void calculate()
{
int i, j;
  //ポテンシャル、流れ関数,速度のクリア
  for (i = 0; i <= rect.nMesh; i++)
  {
    for (j = 0; j <= rect.nMesh; j++)
    {
      Phi[i][j] = 0.0;
      Psi[i][j] = 0.0;
      Vel[i][j] = Vector2D();
    }
  }

  Vector2D z;
  float r2 = 0.0;
  float rad0 = 0.001;

  for (i = 0; i <= rect.nMesh; i++)
  {
    z.x = rect.delta.x * (float)(i - rect.nMesh / 2);//中心のポテンシャルを
    for (j = 0; j <= rect.nMesh; j++)
    {
      z.y = rect.delta.y * (float)(j - rect.nMesh / 2);
      if( flagUniform )
      {
        Phi[i][j] = flowVelocity * (z.x * cos(alpha * DEG_TO_RAD) + z.y * sin(alpha * DEG_TO_RAD));
        Psi[i][j] = flowVelocity * (z.y * cos(alpha * DEG_TO_RAD) - z.x * sin(alpha * DEG_TO_RAD));
        Vel[i][j].x = flowVelocity * cos(alpha * DEG_TO_RAD);
        Vel[i][j].y = flowVelocity * sin(alpha * DEG_TO_RAD);
      }

      if (flagSource)//湧き出し(吸い込み)
      {
        if (z.x == 0.0 && z.y == 0.0)
        {//原点は対数的特異点
          z = rect.delta / 1000.0f;
```

```
        }
        r2 = z.magnitude2();
        if(r2 < rad0) r2 = rad0;//中心付近の速度を抑えるため
        Phi[i][j] += Q_Value * log(r2) / (4.0 * M_PI);
        Psi[i][j] += Q_Value * atan2(z.y, z.x) / (2.0 * M_PI);
        Vel[i][j].x += Q_Value * z.x / r2 / (2.0 * M_PI);
        Vel[i][j].y += Q_Value * z.y / r2 / (2.0 * M_PI);
      }

      if (flagVortex)//うず
      {
        if (z.x == 0.0f && z.y == 0.0f)
        {
          z = rect.delta / 1000.0f;
        }
        r2 = z.magnitude2();
        if(r2 < rad0) r2 = rad0;//中心付近の速度を抑えるため
        Psi[i][j] -= Gamma * (float)(log(r2) / (4.0 * M_PI));
        Phi[i][j] += Gamma * (float)atan2(z.y, z.x) / (float)(2.0
* M_PI);
        Vel[i][j].x -= Gamma * z.y / r2 / (2.0 * M_PI);
        Vel[i][j].y += Gamma * z.x / r2 / (2.0 * M_PI);
      }
    }
  }
  flagStart = 0;
}
```

1.8.2 粒子アニメーション

「[Particle]パネル」の「[Start]ボタン」をクリックすると、左端から「粒子」が飛び出し、「流線」に平行に移動するアニメーションが見れます。

「テキスト・ボックス[num]」で「粒子数」を、[size]で「粒子の大きさ」を変更できます。

「ポテンシャル流れ」の「速度」は、各「格子点」で求められており、「格子点」以外の位置では「格子点」の速度を「線形補間」して計算しています。

[speedC]の値は、これらの速度に乗じ、「表示画面の速さ」を調整する「パラメータ」です。

[interval]は、「粒子」を発生させる「間隔」です。

「0.0」に設定すると、連続的に発生します。

また、マウスで画面上をクリックすると、その位置から「1個の粒子」のアニメーションが見れます。

図1.19に「GL_PotentialFlow1」に対する「粒子アニメーション」の1例を示します。

「左端で発生する粒子」を「青」で、「中心から湧き出す粒子」を「赤」で表示しています。

第1章 ポテンシャル流れ
Potential Flow

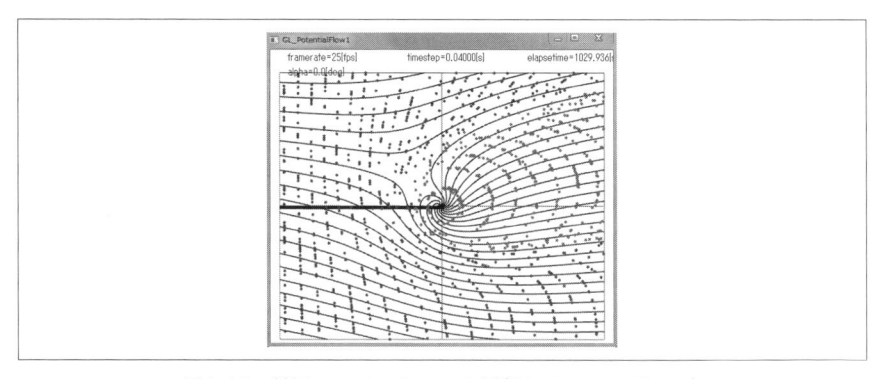

図1.19 粒子アニメーションの例（GL_PotentialFlow1）

リスト1.2に「粒子」の「生成描画ルーチン」（drawParticle ()）を示します。

ここで使われている「変数」や「関数」は、「ヘッダファイル」（particle2D.h）に実装しています。

リスト1.2 「glPotentialFlow1.cpp」の「drawParticle ()ルーチン」

```cpp
void drawParticle(float dt)
{
  int k, kk;
  if(!flagFreeze && countInterval==0.0)
  {
    for(k = 0; k < numP0; k++)
    {
      kk = countP + k;
      p[kk].size = sizeParticle;
      p[kk].speedC = speedCoef;
      p[kk].pos.x = 0.0;
      if(Q_Value > 0.0)
      {
        if((kk / 2) * 2 == kk)
        {
          p[kk].pos.y = rect.size.y * getRandom(0.0, 1.0);
          p[kk].color = BLUE;
        }
        else
        {//left0からの中心位置
          p[kk].pos = getRandomVectorXY(0.02) + rect.size/2.0;
          p[kk].color = RED;
        }
      }
      else
        p[kk].pos.y = rect.size.y * getRandom(0.0, 1.0);
    }
    countP += numP0;
  }
```

```
  for(k = 0; k < MAX_PARTICLE; k++)
  {
    p[k].vel = getVelocityParticle(p[k].pos);
    if(!flagFreeze) p[k].update(dt);
    if(p[k].pos.x >= 0.0 && p[k].pos.x < rect.size.x && p[k].pos.y >= 0.0 && p[k].pos.y < rect.size.y) p[k].show(rect.left0, scale);
  }
  if(countP > MAX_PARTICLE - numP0) countP = 0;
  elapseTime2 += dt;
  countInterval += dt;
  if(countInterval > intervalP) countInterval = 0.0;
}
```

1.8.3 翼形の写像変換

プロジェクト「GL_PotentialWing」では、**1.7.2項**で説明した「ジューコフスキーの翼形」をつくるための「写像変換」を実装しています。

計算空間における「ポテンシャル流れ」は、式**(1.68)**によって求めます。
この部分のプログラムを、**リスト1.3**に示します。

リスト1.3 「glPotentialWing.cpp」の「calculate ()ルーチン」

```
void calculate()
{
  int i, j;
  //ポテンシャル、流れ関数のクリア
  for (i = 0; i <= rect.nMesh; i++)
  {
    for (j = 0; j <= rect.nMesh; j++)
    {
      Phi[i][j] = 0.0;
      Psi[i][j] = 0.0;
      Vel[i][j] = Vector2D();
    }
  }

  Vector2D z ;
  float rr = 0.0, c1 = 0.0, c2 = 0.0;;
  float r2 = 0.0;//2乗距離
  float r4 = 0.0;//4乗距離
  float radius2 = radCylinder * radCylinder;//円柱の半径の2乗
  float ang = alpha * DEG_TO_RAD;
  float maxVel2 = maxVelocity * maxVelocity;

  for (i = 0; i <= rect.nMesh; i++)
  {
    z.x = rect.delta.x * (float)(i - rect.nMesh / 2);//中心のポテンシャルを
```

第1章 ポテンシャル流れ
Potential Flow

```
    for (j = 0; j <= rect.nMesh; j++)
    {
      z.y = rect.delta.y * (float)(j - rect.nMesh / 2);
      //一様流れ
      Phi[i][j] += flowVelocity * (z.x * cos(ang) + z.y * sin(ang));
      Psi[i][j] += flowVelocity * (z.y * cos(ang) - z.x * sin(ang));
      Vel[i][j].x += flowVelocity * cos(ang);
      Vel[i][j].y += flowVelocity * sin(ang);

      //ダブレット(円柱)
      if (z.x == 0.0 && z.y == 0.0)
      {//原点は対数的特異点
        z = rect.delta / 1000.0f;
      }
      rr = z.magnitude();
      r2 = z.magnitude2();
      r4 = r2 * r2;

      Phi[i][j] += flowVelocity * radius2 *(cos(ang) * z.x + si
n(ang) * z.y) / r2;
      Psi[i][j] += flowVelocity * radius2 *(sin(ang) * z.x - co
s(ang) * z.y) / r2;
      c1 = flowVelocity * radius2 * ( z.x * z.x - z.y * z.y ) / r4;
      c2 = 2.0 * flowVelocity * radius2 * z.x * z.y / r4;
      Vel[i][j].x -= c1 * cos(ang) + c2 * sin(ang);
      Vel[i][j].y += c1 * sin(ang) - c2 * cos(ang);

      if (flagVoltex)//うず
      {
        if (z.x == 0.0f && z.y == 0.0f)
        {
          z = rect.delta / 1000.0f;
        }
        r2 = z.magnitude2();
        Psi[i][j] -= Gamma * (float)(log(r2) / (4.0 * M_PI));
        Phi[i][j] += Gamma * (float)atan2(z.y, z.x) / (float)(2.0 * M_PI);
        Vel[i][j].x -= Gamma * z.y / r2 / (2.0 * M_PI);
        Vel[i][j].y += Gamma * z.x / r2 / (2.0 * M_PI);
      }
      Press[i][j] = 1.0 - Vel[i][j].magnitude2() / maxVel2;
      if(Press[i][j] < 0.0) Press[i][j] = 0.0;
    }
  }
  flagStart = 0;
}
```

　求められた「速度ポテンシャル」(Phi [ ][ ])や「流れ関数」(Psi [ ][ ])の「等高線」を描画する「ルーチン」(drawPotential ( ))や(drawStream ( ))などで、必要に応じて、**式(1.69)**の「写像変換ルーチン」(mapping ( ))をコールします。

＊

　リスト1.4にこの関数を示します。

「速度描画ルーチン」「粒子描画ルーチン」「格子描画ルーチン」などからも、「mapping ( )ルーチン」をコールしています。

リスト1.4　「glPotentialWing.cpp」の「mapping ()ルーチン」

```
void mapping(Vector2D& pos)
{
  //計算平面における拡大・平行移動
  pos *= sqrt((1.0 - xi0)*(1.0 - xi0) + eta0 * eta0);//円を拡大し
  pos += Vector2D(xi0, eta0) * radCylinder;//平行移動
  //計算平面から物理平面への座標変換
  float rad = pos.magnitude();
  float theta = atan2(pos.y, pos.x);
  pos.x = (rad + radCylinder * radCylinder / rad) * cos(theta);
  pos.y = (rad - radCylinder * radCylinder / rad) * sin(theta);
  //逆回転し一様流れを水平にする
  pos.rotZ_deg(-alpha);
}
```

1.9　プロジェクトの構築

　本書では、前著(28)と同じように「Visual Studio 2005 Standard Edition」の「Visual C++」をプログラム開発言語として使い、「コンソール・アプリケーション」を作っています。

　「高機能補助ライブラリ」に「GLUT」を使い、「グラフィックス・ライブラリ」としては「OpenGL」を使っています。

　さらに、第3章以降のプロジェクトでは、グラフィックス・プロセッサ「GPU」を「GPGPU」として使うために、「シェーダ言語」(GLSL)を組み込んでいます。
　(「GPGPU」は、「GPU」を数値計算の並列処理に利用する手法です)
　プロジェクト名の頭に「GL_」の付くプロジェクトは、CPU側だけでプログラムしたプロジェクトであり、「GP_」の付くプロジェクトは、数値計算に「GLSL」を利用したプロジェクトです。

1.9.1　GLUTの組み込み

　「GLUT」関連のファイルは、nVidia社のWebサイトから入手できます。
　以下は、「VC++2005」を使うときのインストール方法を示しています。

　nVidia社のウェブサイト、

　http://developer.nvidia.com/Cg

を開き、

第1章 ポテンシャル流れ
Potential Flow

```
Cg Toolkit
[Dowload] Windows
```
と進み、
```
Cg-2.0_Dec2007_Setup.exe
```
を実行し(バージョンアップされると名称が変わります)、指示に従ってインストールを完了します。

デフォルトでは、
```
C: /Program Files/NVIDIA Corporation
```
に[Cg]と[Nvidia Demos]という、2つのフォルダがインストールされます。

「glut」に関する「ヘッダファイル(glut.h)」「ライブラリファイル(glut32.lib B)」「DLLファイル(glut32.dll)」を、次のように適切な場所にコピーします。
```
C:/Program Files/NVIDIA Corporation/Cg/include/GL
```
の中にある「glut.h」を、
```
C:/Program Files/Microsoft Visual Studio 8/VC/PlatformSDK/Include/gl
```
にコピーします。
```
C:/Program Files/NVIDIA Corporation/Cg/lib
```
の中にある「glut32.lib」を、
```
C:/Program Files/Microsoft Visual Studio 8/VC/PlatformSDK/Lib
```
にコピーします。
```
C:/Program Files/NVIDIA Corporation/Cg/bin
```
にある「glut32.dll」を、
```
C:/Windows/system32
```
にコピーします。

「VC++2008」を利用するときは、「/Microsoft Visual Studio 8/VC/PlatformSDK」を「/Microsoft Visual Studio 9.0/VC」に変更します。

1.9.2 「GLSL」の組み込み

「GLSL」を利用するには、「GLEW」(The OpenGL Extention Wrangler Library)を導入する必要があります。

「GLEW」のインストールは、
```
http://glew.sourceforge.net/
```
から、「Glew-1.5.0-win32.zip」をダウンロードし、
```
glew/include/GLのヘッダファイル glew.h
glew/libのライブラリファイル glew32.lib
```

> glew/binのDLLファイル glew32.dll

を前項と同じように、「Visual Studio 8」および「Windows」の各フォルダにコピーします。

1.9.3 GLUIの組み込み

「GLUI」は「OpenGL」や「GLUT」を用いたプログラム用の簡易ウィジェットであり、ライブラリは、

> http://glui.sourceforge.net/#download

から入手できます。

1.9.4 プロジェクトの構成

プロジェクトは章ごとに分類されており、「[chapN]フォルダ」(Nは章番号)にあります。

プロジェクト名をもつフォルダには、拡張子「.sln」または「.vcproj」というファイルがあり、どちらかを立ち上げると、プログラム編集作業ができるようになります。

エントリーポイントである「main ()関数」は、拡張子「.cpp」のソース・ファイルにあります。

＊

各プロジェクトにおいて、共通に使う「変数」や「関数」は、拡張子「.h」の「ヘッダファイル」に実装してあります。

主に次のような「ヘッダファイル」が使われています。

表1.1　共通に使われるヘッダファイル

myMath6.h	Vector2D クラス、Vector3D クラスなど
myPrimitive6.h	球や立方体などの基本立体描画関数
rigid.h	剛体クラスのメンバ変数、メンバ関数など
rigid_parameters.h	rigid.hに使われるパラメータ(剛体の種類や色など)
support2D.h	2次元プロジェクト用の色定義や文字表示関数など
support3D.h	3次元プロジェクト用のカメラ操作関数、マウス操作関数など
particle2D.h	2次元プロジェクト用の粒子表示関数など
myGlsl.h	GLSLを利用するときの初期化関数など

これら以外にも、必要に応じて「ヘッダファイル」はつくられます。

また、「GLUI」を利用するための「パラメータ初期値」「ポインタ」「関数」などを「myGLUI.h」にまとめてあり、各プロジェクトのフォルダ内に格納してあります。

第2章

「差分法」による「数値解法」

Numerical Solution using the FDM

　「微分方程式」のための「数値解法」には、「差分法(FDM)」「有限要素法(FEM)」「境界要素法(BEM)」など、多くの手法があります。
　本書では、最も基本的な数値解法である「差分法」だけを利用しています。
　「差分法」では、「解析領域」を「格子状」に分割し、「格子点」における「ポテンシャル」や「流れ関数」を、解が収束するまで、繰り返し計算します。

　本章では、「ラプラスの方程式」を解くことによって、「境界に囲まれた領域」の「ポテンシャル流れ」を求めます。
　さらに、次章以降で必要となる「ポアソン方程式」を、「差分法」によって解く方法を示します。

本章で作るプロジェクト

・ラプラス方程式の解
・ポアソン方程式の解

第2章 「差分法」による「数値解法」
Numerical Solution using the FDM

2.1 「差分法」の基礎

「微分方程式」をコンピュータで数値的に解くには、「微分」を「差分」で近似します。ここでは、「微分方程式」を「差分方程式」で表現する方法を説明します。

「差分法」あるいは「有限差分法」(FDM：finite difference method)は、「微分方程式」を「差分方程式」で近似する解法です。

2.1.1 「微分」と「差分」

「時間変数」(t)の「関数」($f(t)$)の微分について考えてみましょう。

高校の数学では、微分は、以下のような「極限の式」として習いました。

$$\frac{df}{dt} = \lim_{\Delta t \to 0} \frac{f(t) - f(t - \Delta t)}{\Delta t} \tag{2.1}$$

あるいは、次式のようにも近似できます。

$$\frac{df}{dt} = \lim_{\Delta t \to 0} \frac{f(t + \Delta t) - f(t)}{\Delta t} \tag{2.2}$$

$$\frac{df}{dt} = \lim_{\Delta t \to 0} \frac{f(t + \Delta t) - f(t - \Delta t)}{2\Delta t} \tag{2.3}$$

コンピュータでは「0」や「無限大」を扱うことができないので、可能な限り小さい有限の「Δt」で近似します。

右辺の「$\lim_{\Delta t \to 0}$」を取り除いた式が「差分表示」です。

図2.1に、上の3つの「差分」の定義を示します。

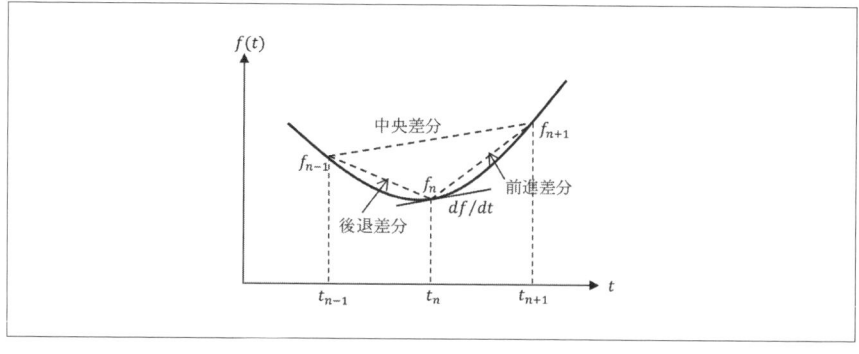

図2.1　3種類の差分の定義

これらは、上からそれぞれ、「後退差分」「前進差分」「中央差分」と呼びます。

「$t = t_n$」のときの「$f(t_n)$」を「f_n」と表記し、「$t = t_n \pm \Delta t$」を「$t_{n\pm 1}$」、「$f(t_{n\pm 1})$」を「$f_{n\pm 1}$」のように表記しています。

「微小時間」(Δt)を「**時間刻み**」、あるいは「**タイム・ステップ**」などと言います。

「時間刻み」(Δt)が小さければ小さいほど、「差分」は「$t = t_n$」のときの「勾配」、すなわち「微分値」(df/dt)に近づきます。

2.1.2 「微分方程式」から「差分方程式」へ

いま、「微分方程式」を、

$$\frac{df}{dt} = g(t, f) \tag{2.4}$$

とします。

上式の「厳密解」が分かるような式であれば、「数値解法」は必要ありません。

「厳密解」が与えられないようなときは、「微分」を「差分」で近似して、「数値解法」を実行します。

式(2.2)の「前進差分」を使うと、「$t = t_n$」のときの上式の「差分表示」は、

$$\frac{f_{n+1} - f_n}{\Delta t} = g(t_n, f_n) \tag{2.5}$$

あるいは、分母を払って、

$$f_{n+1} = f_n + \Delta t \, g(t_n, f_n) \tag{2.6}$$

となります。これらを「**差分方程式**」と言います。

2.1.3 初期値問題

式(2.4)の「微分方程式」に対し、「$t = 0$」のときの値が、

$$f(0) = f_0 \tag{2.7}$$

のように与えられているとき、式(2.6)を用いて、「$f_1, f_2, f_3, \cdots$」のように「f_n」の値を順次求めることができます。

このような問題を「**初期値問題**」と言い、式(2.7)を「**初期条件**」、「f_0」を「**初期値**」と呼びます。

第2章 「差分法」による「数値解法」
Numerical Solution using the FDM

「差分方程式」は、式(2.6)以外にもたくさんあり、式(2.6)は最も簡単なもので、「オイラー法」と呼ばれます。

次章の「時間発展問題」で利用します。

2.1.4 「境界値問題」と「差分法」

「位置座標」を変数とする関数に対し、「境界」における値が与えられた「微分方程式」を解く問題は、「**境界値問題**」と呼ばれます。

いま、関数「$f = f(x)$」に対する「微分方程式」の境界値問題、

$$\begin{cases} \dfrac{d^2 f}{dx^2} = g(x) \\ f(0) = a, \quad f(L) = b \end{cases} \quad (2.8)$$

を「差分法」で解くことを考えてみます。

解析区間$[0, L]$をN個の「部分領域」に分割します。
「格子間隔」は「$\Delta x = L / N$」です。
上式は、「1次元」の「**ポアソン方程式**」です。

「差分法」で解くために、対称性を考えて、2階微分を、

$$\frac{f_{i-1} - 2f_i + f_{i+1}}{(\Delta x)^2} \quad (2.9)$$

で近似します。これは、2階微分、

$$\frac{d^2 f}{dx^2} = \frac{d}{dx}\left(\frac{df}{dx}\right)$$

において、1回目の「df/dx」に対し「前進差分」、2回目の「d/dx」に対し「後退差分」を実行したことに相当します。

式(2.8)の「微分方程式」の左辺を式(2.9)で置き換え、分母を払うと「差分方程式」、

$$f_{i-1} - 2f_i + f_{i+1} = (\Delta x)^2 g_i \quad (i = 1, 2, N-1) \quad (2.10)$$

を得ます。
ここで、「g_i」は「$x = x_i$」における「$g(x)$」の値です。

「f_0」と「f_N」は、「境界値」として与えられているので、上の「差分方程式」は、未知数がN個の「連立方程式」として解くことができます。

2.1.5 反復法

「連立方程式」を解くには、大きく分けて、「**消去法**」と「**反復法**」があります。
「差分法」では「反復法」がよく用いられます。
式(2.10)の「差分方程式」に対し、各点の値は、隣り合う2つの点の値を用いて、

$$f_i = \frac{1}{2}\{f_{i-1} + f_{i+1} - (\Delta x)^2 g_i\} \quad (i = 1, 2, N-1) \quad (2.11)$$

のように計算できます。

「境界の値」以外は「未知数」なので、適当な初期値「$f_i^{(0)}(i=1,2,N-1)$」を与えて計算します。

計算された値を次回の初期値として、繰り返し計算します。

これを、あらかじめ与えられた「許容誤差」以内に収まるまで、繰り返します。

たとえば、「繰り返し回数」を「n」、「許容誤差」を「ε」としたとき、

$$\left| f_i^{(n)} - f_i^{(n-1)} \right| \leq \varepsilon \quad (i = 1, 2, N-1) \quad (2.12)$$

が成立するまで実行します。

収束しない場合もあるので、予め「最大繰り返し回数」を決めておきます。

通常、「$i=1$」から実行するので、式(2.10)において「f_i」を求めるときには、「f_{i-1}」の値がすでに計算されているので、その値を用いることができます。

このような「反復法」を、「**ガウス＝ザイデル法**」と言います。

これに対して、すべての「f_i」に対して前回計算した値を用いる「反復法」を、「**ヤコビ法**」と言います。

当然、CPUで作った「逐次計算プログラム」では、「ヤコビ法」より「ガウス＝ザイデル法」のほうが早く収束します。

「GPU側」の「シェーダ言語」でプログラムした場合は、「並列計算」なので、「ヤコビ法」となりますが、計算自体は速くなります。

第2章 「差分法」による「数値解法」
Numerical Solution using the FDM

2.2 ラプラス方程式

前章で、「ラプラス方程式」は、「ポテンシャル流れ」の基礎式として導かれました。
ここでは、「2次元」の「ラプラス方程式」に対する「差分法」の具体例を示し、「境界」で囲まれた領域の「ポテンシャル流れ」を求めます。

2.2.1 解析手法

以下、求める関数を「流れ関数」(ψ)として説明します。
「流れ関数」に対する「2次元ラプラス方程式」は、再掲すると、

$$\nabla^2 \psi = 0 \tag{2.13}$$

あるいは、

$$\frac{\partial^2 \psi}{\partial x^2} + \frac{\partial^2 \psi}{\partial y^2} = 0 \tag{2.14}$$

です。
「解析領域」を**図2.2**に示すように、「メッシュ状」に分割します。

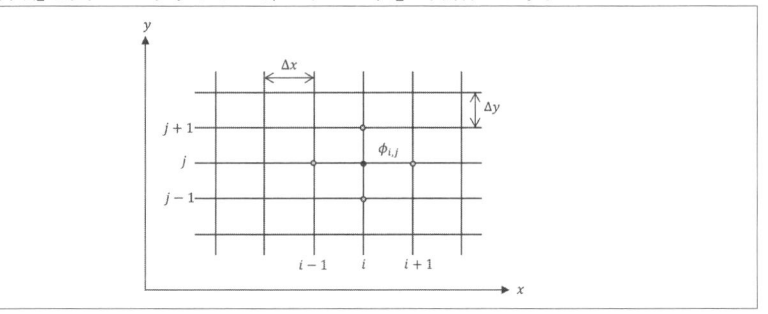

図2.2 差分格子

「x軸方向」および「y軸方向」の「格子間隔」を、それぞれ「Δx」および「Δy」とし、「格子番号」を「i」および「j」とします。

「偏微分」を**式(2.9)**と同じように「差分」で近似すると、「ラプラスの方程式」は、

$$\frac{\psi_{i-1,j} - 2\psi_{i,j} + \psi_{i+1,j}}{(\Delta x)^2} + \frac{\psi_{i,j-1} - 2\psi_{i,j} + \psi_{i,j+1}}{(\Delta y)^2} = 0 \tag{2.15}$$

となります。これから、「$\psi_{i,j}$」を求めることができます。

$$\psi_{i,j} = \frac{(\Delta y)^2 \left(\psi_{i-1,j} + \psi_{i+1,j}\right) + (\Delta x)^2 \left(\psi_{i,j-1} + \psi_{i,j+1}\right)}{2((\Delta x)^2 + (\Delta y)^2)} \quad (2.16)$$

「$\Delta x = \Delta y$」のときは、

$$\psi_{i,j} = \frac{1}{4}\left\{\psi_{i-1,j} + \psi_{i+1,j} + \psi_{i,j-1} + \psi_{i,j+1}\right\} \quad (2.17)$$

となり、ある「格子点」の「流れ関数」は、隣接する上下左右の「格子点」の「流れ関数」の「平均値」として与えられます。

「1次元」のときと同様に、「反復法」によって、解が収束するまで繰り返し計算します。

2.2.2 境界条件

「ラプラスの方程式」や、次の「ポアソンの方程式」を解くには、「初期条件」が必要です。次のような種類があります。

基本境界条件:「境界」において「関数」(ϕ)の値を与える境界条件
自然境界条件:「境界」において「法線方向微分」($d\phi/dn$)を与える境界条件

「基本境界条件」は「第1種境界条件」あるいは「ディリクレ(Dirichlet)型境界条件」と呼ばれ、「自然境界条件」は「第2種境界条件」あるいは「ノイマン(Neumann)型境界条件」とも呼ばれます。

さらに、これらを混合した「ロビン型境界条件」もあります。

2.2.3 流れ関数の具体例

図2.3に示すように、「流れ」を遮るような「障害物」が片側の壁に接触して置かれた「矩形のダクト」を例として、「2次元ラプラス方程式」を解きます。

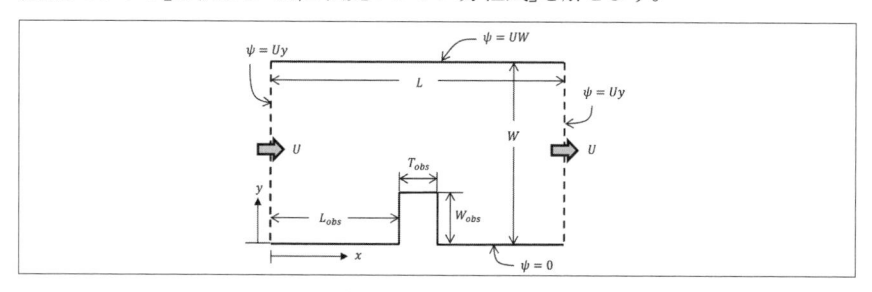

図2.3 2次元ラプラス方程式の解析領域
流れ関数を解くときの境界条件を示している。

「障害物の厚さ」を「T_{obs}」とし、「幅」を「W_{obs}」、「左端(流入口)から障害物の左端まで

第2章 「差分法」による「数値解法」
Numerical Solution using the FDM

の距離」を「L_{obs}」、「x軸およびy軸方向の長さ」を、それぞれ「L」「W」とします。

「流れ」は、「左端」から「右端」へ向かうものとします。

上下の壁面では流れは壁面に平行に流れるので、「流れ関数」は一定です。

「流入口」と「流出口」で「一様流れ」を仮定すると、**1.6節**で述べたように、「流速」を「U」とすると、

$$U = \frac{\partial \psi}{\partial y} \tag{2.18}$$

が成立します。「底面の壁」の「流れ関数」を「$\psi = 0$」とすれば、

$$\psi = Uy \tag{2.19}$$

です。「上の壁面」では、

$$\psi = UW \tag{2.20}$$

となります。

「流入口」と「流出口」では**式(2.19)**で与えられ、すべて「基本境界条件」(ディリクレ型)で計算できます。

このときの「境界条件」を、**図2.3**に示しています。

「GL_LAPLACE1」は、「流れ関数」の「2次元ラプラス方程式」を解くプロジェクトです。

このプロジェクトでは、次のように各「格子点」の「型」(Type)として「enum列挙型」を定義しています。

```
enum Type{INSIDE, INLET, OUTLET, TOP, BOTTOM, OBS_LEFT, OBS_
TOP, OBS_RIGHT, OBSTACLE};
```

それぞれ「内部点」「流入端」「流出端」「上部壁面」「下部壁面」「障害物左端」「障害物上部」「障害物右端」「障害物内部」を表わしています。

「解析領域のサイズ」「障害物の位置やサイズ」「格子分割数」などは、「GLUIウィンドウ」の「[Shape]パネル」の「テキスト・ボックス」で変更できます。

その際には、「サイズ」が「格子間隔」の「整数倍」になるように設定します。

「計算ルーチン」(calculate ())において、「格子点」の「Type」を判断し、上に述べた

2.2 ラプラス方程式

境界条件を与えて、式(2.16)または式(2.17)の反復計算を実行します。
リスト2.1に「calculate ()ルーチン」を示します。

リスト2.1 「glLaplace1.cpp」の「calculate ()ルーチン」

```cpp
void calculate()
{
  int i, j;

  //境界条件と内部格子点の初期条件
  for(i = 0; i <= rect.nMeshX; i++)
    for(j = 0; j <= rect.nMeshY; j++)
    {
      if(type[i][j] >= BOTTOM) Psi[i][j] = 0.0;
      else if(type[i][j] == TOP)  Psi[i][j] = rect.size.y;//一
様流れの流速をとする
      else
      {//内点および入口・出口は線形補間
        if(i < nMeshX1 || i > nMeshX2)  Psi[i][j] = float(j) * rect.delta.y;
        else  Psi[i][j] = rect.size.y * float(j - nMeshY_ObsW) / (float)(rect.nMeshY - nMeshY_ObsW);
      }
    }

  //差分法
  int cnt = 0;
  float error = 0.0;
  float maxError = 0.0;
  float dx2 = rect.delta.x * rect.delta.x ;
  float dy2 = rect.delta.y * rect.delta.y ;

  float pp;
  while (cnt < iteration)
  {
    maxError = 0.0;
    for (i = 1; i < rect.nMeshX; i++)
      for (j = 0; j < rect.nMeshY; j++)
      {
        if(type[i][j] != INSIDE) continue;
        pp = dy2 * (Psi[i - 1][j] + Psi[i + 1][j]) + dx2 *( Psi[i][j - 1] + Psi[i][j + 1]);
        pp /= 2.0 * (dx2 + dy2);
        error = fabs(pp - Psi[i][j]);
        if (error > maxError) maxError = error;
        Psi[i][j] = pp;
      }
    if (maxError < tolerance) break;
    cnt++;
  }
  //速度ベクトルの計算
```

第2章 「差分法」による「数値解法」
Numerical Solution using the FDM

```
//格子点の速度ベクトル(上下左右の流れ関数の差で求める)
 for(i = 1; i < rect.nMeshX; i++)
    for (j = 1; j < rect.nMeshY; j++)
    {
      if(type[i][j] != INSIDE) continue;
      Vel[i][j].x = 0.5 * (Psi[i][j+1] - Psi[i][j-1]) / (float)
rect.delta.y;
      Vel[i][j].y = 0.5 * (Psi[i-1][j] - Psi[i+1][j]) / (float)
rect.delta.x;
    }
  flagExecute = 0;
}
```

「rect.delta.x」などの「rect」は、「myGLUI.h」で定義した「境界領域」の「Rect構造体」の「変数名」です。

2.2.4 速度ポテンシャルの具体例

第1章と同じように、「速度」(v)と「速度ポテンシャル」(ϕ)の関係を、

$$v = \nabla \phi \tag{2.21}$$

と定義します。

このときは、ポテンシャルの「低い」ほうから「高い」ほうへ流れるので、「左端」(流入口)の境界では「$\phi=0$」の「基本境界条件」を与えることができます。

「流速」(U)と「速度ポテンシャル」(ϕ)の関係は、

$$U = \frac{\partial \phi}{\partial x} \tag{2.22}$$

なので、障害物がないときの「一様流れ」であれば「右端」(流出口)では、

$$\phi = UL \tag{2.23}$$

となります。

「障害物」のある問題に対しても「一様流れ」を仮定し、「右端」の「境界条件」として、上式の「基本境界条件」を与えることにします。

上部および下部の「壁」と「障害物」では、「流れ」が生じないので、「速度」の法線成分を「0」とします。

これは、「ダクト壁面」と「障害物上部」に対して、

2.2 ラプラス方程式

$$v = \frac{\partial \phi}{\partial y} = 0 \qquad (2.24)$$

となり、「自然境界条件」(ノイマン型)です。

「障害物」の「左端」および「右端」では、

$$u = \frac{\partial \phi}{\partial x} = 0 \qquad (2.25)$$

です。

「差分法」で、この「自然境界条件」を与えるためには、「$\phi_{i,j}$」を境界上の「速度ポテンシャル」としたとき、

$$\phi_{i,j} = \phi_{I,J} \qquad (2.26)$$

とします。

ここで、「I,J」は、「境界点」(i,j)から、「境界」に直交する方向の、「領域内部」の最初の「格子点番号」です。

「障害物の角」では、「左上」および「右上」の点とします。

さらに、「反復計算中」に内部の「ポテンシャル」は変化するので、「自然境界条件」は「反復計算のループ」の中で与える必要があります。

そのため、「基本境界条件」だけで計算できる「流れ関数」のときよりも、収束するまでの計算時間が長くなります。

＊

「GL_LAPLACE2」は、「速度ポテンシャル」を「2次元ラプラス方程式」で解くプロジェクトです。

「ダクト形状」は図2.3と同じです。

リスト2.2に「計算ルーチン」を示します。

「格子点」の「Type列挙型」のメンバに、角点の「左上」「右上」を識別するために「CORNER_UL」および「CORNER_UR」を追加しています。

リスト2.2 「glLaplace2.cpp」の「calculate ()ルーチン」

```cpp
void calculate()
{
  int i, j;

  //境界条件と内部格子点の初期条件
  for(i = 0; i <= rect.nMeshX; i++)
    for(j = 0; j <= rect.nMeshY; j++)
```

第2章 「差分法」による「数値解法」
Numerical Solution using the FDM

```
    {
      if(type[i][j] == INLET) Phi[i][j] = 0.0;
      else if(type[i][j] ==OUTLET)  Phi[i][j] = rect.size.x;//
一様流れの流速をとする
      else
      {//内点は線形補間
        Phi[i][j] = float(i) * rect.delta.x;
      }
    }

  //差分法
  int cnt = 0;
  float error = 0.0;
  float maxError = 0.0;
  float dx2 = rect.delta.x * rect.delta.x ;
  float dy2 = rect.delta.y * rect.delta.y ;
  float pp;
  while (cnt < iteration)
  {
    //Neumann boundary conditionは毎回与える
    for(i = 1; i < rect.nMeshX; i++)
      for(j = 0; j <= rect.nMeshY; j++)
      {
        if(type[i][j] == TOP) Phi[i][j] = Phi[i][j-1];
        else if(type[i][j] == BOTTOM)    Phi[i][j] = Phi[i][j+1];
        else if(type[i][j] == OBS_LEFT) Phi[i][j] = Phi[i-1][j];
        else if(type[i][j] == OBS_TOP)  Phi[i][j] = Phi[i][j+1];
        else if(type[i][j] == OBS_RIGHT) Phi[i][j] = Phi[i+1][j];
        else if(type[i][j] == CORNER_UL)  Phi[i][j] = Phi[i-1][j+1];
        else if(type[i][j] == CORNER_UR)  Phi[i][j] = Phi[i+1][j+1];
      }
    maxError = 0.0;
    for (i = 1; i < rect.nMeshX; i++)
      for (j = 0; j < rect.nMeshY; j++)
      {
        if(type[i][j] != INSIDE) continue;
        pp = dy2 * (Phi[i - 1][j] + Phi[i + 1][j]) + dx2 *( Phi[i][j - 1] + Phi[i][j + 1]);
        pp /= 2.0 * (dx2 + dy2);
        error = fabs(pp - Phi[i][j]);
        if (error > maxError) maxError = error;
        Phi[i][j] = pp;
      }
    if (maxError < tolerance) break;
    cnt++;
  }
  printf("cnt = %d,  maxError = %f\n", cnt, maxError);

  //速度ベクトルの計算
  //格子点の速度ベクトル(上下左右の流れ関数の差で求める)
  for(i = 0; i <= rect.nMeshX; i++)
    for (j = 0; j <= rect.nMeshY; j++)
    {
```

```
        if(type[i][j] != INSIDE) continue;
        Vel[i][j].x = 0.5 * (Phi[i+1][j] - Phi[i-1][j]) / rect.delta.x;
        Vel[i][j].y = 0.5 * (Phi[i][j+1] - Phi[i][j-1]) / rect.delta.y;
      }
  flagExecute = 0;
}
```

2.2.5 実行例

「GL_LAPLACE3」は、「流れ関数」と「速度ポテンシャル」の両方を、「2次元ラプラス方程式」の解として求めるプロジェクトです。

第1章のプロジェクトと同じように、「粒子アニメーション」が可能です。

プロジェクトを立ち上げ、「GLUIウィンドウ」の[Execute]をクリックすると、「速度ポテンシャルの等高線」が「赤」で、「流線」が「黒」で表示されます。

「速度ベクトル」および「格子線」も表示できます。

「等ポテンシャル線」と「流線」の表示例を、図2.4に示します。

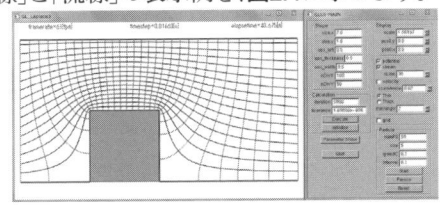

図2.4　2次元ラプラス方程式の解（GL_Laplace3）

「格子点」の「速度ベクトル」は、「速度ポテンシャル」から求めています。

「粒子アニメーション」を行なうには、「境界」上の「格子点」の「速度」も必要です。

「ダクト」の「右端」および「左端」は、「一様流れ」として「$u = 1$」を与えています。

「上部および下部壁面」と「障害物上部」に対しては「$v = 0$」、「障害物」の「左端および右端」に対しては「$u = 0$」、「角の点」に対しては「$u = 0, v = 0$」を与えています。

「表示ウィンドウ」上でマウスをクリックすると、その位置から「粒子」が飛び出し、ほぼ「粒子線」に沿って移動します。

「[Particle]パネル」内の「[Start]ボタン」をクリックすると、「流入口」近くに「[numP0]エディットボックス」で指定した個数の「粒子」が、[interval]の値の「時間間隔」でランダムに発生し、その位置の「速度」で移動します。

このプロジェクトでは、「速度ベクトル」を「間引き表示」しています。

「分割数[nMeshX][nMeshY]」が大きく、「格子間隔」が狭いときは、[thinningV]の値を大きくすることで、見やすくなります。

図2.5に「速度ベクトル」と「粒子アニメーション」の1コマを示します。

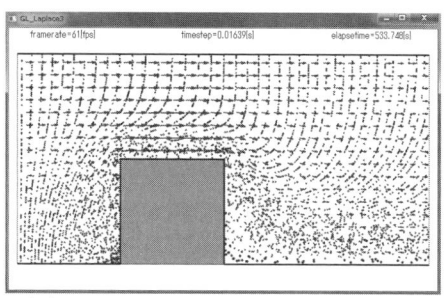

第2章 「差分法」による「数値解法」
Numerical Solution using the FDM

図2.5 速度ベクトルと粒子アニメーション（GL_Laplace3）

2.3 ポアソン方程式

2.1.3項で「1次元」の「ポアソン方程式」を示しました。

「2次元」の「ポアソン方程式」は、「未知関数」を「ポテンシャル」（$\phi(x,y)$）とすると、

$$\frac{\partial^2 \phi}{\partial x^2} + \frac{\partial^2 \phi}{\partial y^2} = g(x,y) \tag{2.27}$$

となります。

すなわち、「既知関数」（$g(x,y)=0$）のときが「ラプラス方程式」です。

そのため、「ポアソン方程式」を解くアルゴリズムは、基本的に「ラプラス方程式」と同じです。

「ラプラス方程式」や「ポアソン方程式」は、さまざまな物理量に使われます。

「熱平衡状態」の「温度分布」であれば、上式の「物理量」（$\phi = \phi(x,y)$）は「温度」を表わしています。

このとき、「$g(x,y) > 0$」ならば「発熱」、「$g(x,y) < 0$」ならば「吸熱」となります。

温度の「高い」ほうから「低い」ほうに流れるようにするときは、式(2.27)の「右辺」に「負号」をつけるようにします。

「ポテンシャル流れ」であれば、「$g(x,y) > 0$」ならば「湧き出し」で、「$g(x,y) < 0$」ならば「吸い込み」となります。

式(2.27)の解「$\phi_{i,j}$」は、「差分表示」にして、

2.3 ポアソン方程式

$$\phi_{i,j} = \frac{(\Delta y)^2 \left(\phi_{i-1,j} + \phi_{i+1,j}\right) + (\Delta x)^2 \left(\phi_{i,j-1} + \phi_{i,j+1}\right) - (\Delta x \Delta y)^2 g_{i,j}}{2((\Delta x)^2 + (\Delta y)^2)} \quad (2.28)$$

です。

「GL_Poisson」は、「GL_Laplace1」を「ポアソン方程式用」に変更したプロジェクトです。

「障害物」を省き、「領域中心」からある距離以内に「1格子点」当たりの「湧き出し量」(Q)を与えています。

やはり、上下の「壁面」に「自然境界条件」を与え、「左右」の「流入口」と「流出口」には、

「基本境界条件」(「一定速度」($U=1$)として、「左端」で「$\phi = 0$」、「右端」で「$\phi = UL$」)を与えています。

「GLUIウィンドウ」の「[Shape&Source]パネル」の[Q_Value]で「湧き出し量」を変更でき、[Radius]で「湧き出し量」を与える「領域の半径」を変更できます。

実行例を図2.6に示します。

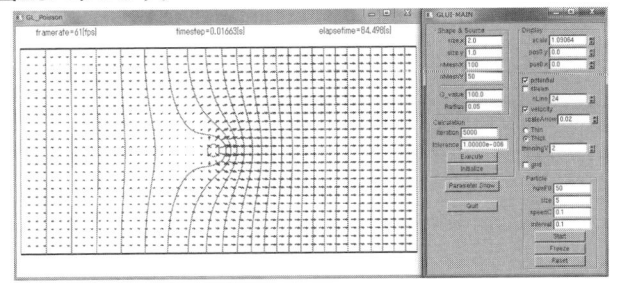

図2.6　2次元ポアソン方程式の解（GL_Poisson）

これには、「ポテンシャル」と「速度」を表示しています。

「粒子」を発生させると、第1章のプロジェクトと同じように、「湧き出し」「吸い込み」のアニメーションが見れます。

第3章

「時間発展」問題

Time-Evolution Problems

　前章までの問題は、「時間」に依存しない、すなわち、「定常状態」の「流れ」の問題を扱っていました。

　本章からは、「物理量」が「時間」とともに変化する問題を扱います。

　「移流方程式」「拡散方程式」「移流拡散方程式」は、「時間」に依存する方程式であり、「時間発展型」の方程式です。

　これらは、次章以降の「粘性」を考慮した、「流れ」を解く問題の基礎になります。

本章で作るプロジェクト
- 1次元「移流方程式」
- 1次元「拡散方程式」
- 2次元「拡散方程式」
- 1次元「移流拡散方程式」
- 2次元「移流拡散方程式」

第3章 「時間発展」問題
Time-Evolution Problems

3.1 移流方程式

「$\partial f / \partial t$」の項を含む「微分方程式」は、「時間発展型」の方程式です。
「時間発展型」の基礎になる方程式は、「移流方程式」です。

3.1.1 1次元移流方程式

「時間」(t)と「位置」(x)の「関数」($f(x,t)$)があり、「速度」(u)で「x方向」に移動(輸送)する場合に、次の「偏微分方程式」が成立します。

$$\frac{\partial f}{\partial t} + u \frac{\partial f}{\partial x} = 0 \tag{3.1}$$

これを、「**移流方程式**」(advection equation)または「**対流方程式**」(convection equation)と言います。

上式の左辺第2項を、「移流項」または「対流項」と言います。

式(3.1)の一般解は、

$$f(x,t) = f(x - ut) \tag{3.2}$$

であり、「波形」($f(x,t)$)が「速度」(u)で「x」の「正方向」へ伝搬する「前進波」を表わしています。

「時間」に関する「微分」に「前進差分」を、「位置」に関する「微分」に「後進差分」を用いると、式(3.1)は、

$$\frac{f_i^{n+1} - f_i^n}{\Delta t} + u \frac{f_i^n - f_{i-1}^n}{\Delta x} = 0 \tag{3.3}$$

となります。

ここで、「f_i^n」は、「時刻」($t = t_n$)、「位置」($x = x_i$)における物理量を表わしています。

いまの「移流方程式」に対しては、「f_{i-1}^n」は「f_i^n」の「上流側の物理量」なので、「**上流差分**」または「**風上差分**」とも言います。

「移流方程式」では、「物理現象」が「上流側」から伝わってくるので、このような問題に対して、「上流差分」は理に適っています。

「時刻」($t = t_n$)における「物理量」(f_i^n, f_{i-1}^n)が求まっているならば、式(3.3)から「時刻」($t = t_{n+1}$)に対する「物理量」(f_i^{n+1})は次式で計算できます。

$$f_i^{n+1} = f_i^n + c(f_{i-1}^n - f_i^n) \tag{3.4}$$

ここで、

$$c = u\frac{\Delta t}{\Delta x} \tag{3.5}$$

であり、「**クーラン数**」(Courant number)と呼ばれます。

「時間微分」に「前進差分」を用いた「差分解法」は、「**陽解法**」と呼ばれ、式(3.4)のように簡単に計算できますが、「$c \leq 1$」でなければならない、という制約があります。

これは「**CFL条件**」と呼ばれます。

なお、「速度」($u < 0$)のときは、「正」の「x方向」から「負」の「x方向」へ向かう「後進波」を表わしており、「上流差分」にするためには、位置に関しても「前進差分」で計算するようにします。

$$f_i^{n+1} = f_i^n - c(f_{i+1}^n - f_i^n) \tag{3.6}$$

この「クーラン数」は、「負」の値です。

「$u > 0$」でも「$u < 0$」でも利用できるようにするには、

$$f_i^{n+1} = f_i^n + \frac{c}{2}\left(f_{i-1}^n - f_{i+1}^n\right) + \frac{|c|}{2}(f_{i-1}^n - 2f_i^n + f_{i+1}^n) \tag{3.7}$$

とします。

「移流項」に対し、「後進差分」または「前進差分」は、「1次精度」です。

「2次精度」の「風上差分」を行なうときは、式(3.7)を次式のように変更します。

$$\begin{aligned}f_i^{n+1} = f_i^n &+ \frac{c}{4}\left(f_{i-2}^n - f_{i+2}^n - 4(f_{i-1}^n - f_{i+1}^n)\right) \\ &+ \frac{|c|}{4}\left(f_{i-2}^n + f_{i+2}^n - 4(f_{i-1}^n + f_{i+1}^n) + 6f_i^n\right)\end{aligned} \tag{3.8}$$

以上の「差分近似」による方法では、「高次の項」を無視して計算しているため、「誤差」が徐々に大きくなり、「伝送路」を伝搬する「パルス波形」が"なまる"ような現象が見られます。

これはちょうど、次節の「拡散方程式」のときと同じような結果になるので、「**数値拡散**」と呼びます。

第3章 「時間発展」問題
Time-Evolution Problems

「数値拡散」を小さくする方法に、「CIP法」があります。

なお、式(3.1)の「前進波」と「$u < 0$」の「後進波」の積は、「波動方程式」、

$$\frac{\partial^2 f}{\partial t^2} - u^2 \frac{\partial^2 f}{\partial x^2} = 0 \tag{3.9}$$

になります。
「波動方程式」は、**第6章**で扱います。

3.1.2 CIP法

「CIP法」は、「矢部孝」らによって提案された「高精度」で「安定性」に優れた「差分法」です。

通常の「差分法」は、「関数値」($f(x,t)$)の値だけを更新しています。
一方、「CIP法」では、「$f(x,t)$」とその「微係数」($g(x,t) = \partial f(x,t)/\partial x$)を利用します。

*

図3.1に「1次元CIP」の原理を示します。

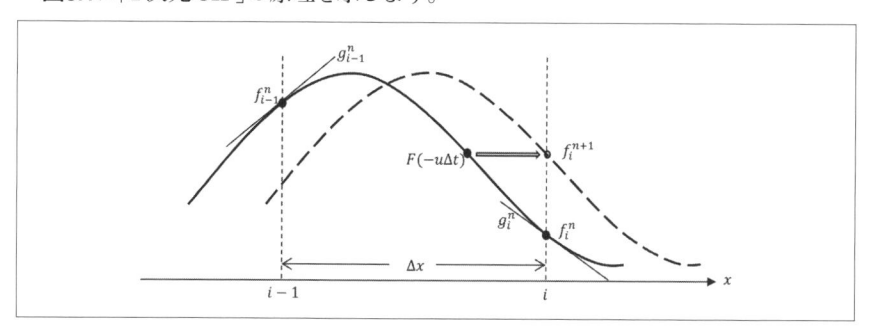

図3.1　1次元CIP法の原理

いま、「注目している格子点」(i)と、「上流(風上)側の隣の格子点」($i-1$)の1区間を考えてみます。
この区間の両端において、「関数値」と「微係数」が与えられているとします。
これらに、3次多項式による「エルミート補間」を行ないます。

ある「時刻」($t = t_n$)における「区間」[$i-1, i$]の「関数値」を「$F(\xi)$」とし、その「微係数」を「$G(\xi)$」とします。
ただし、「$\xi = x - x_i$」は「格子点」(i)を基準にした「x方向」の座標です。

3.1 移流方程式

「補間式」は、

$$F(\xi) = c_0 + c_1\xi + c_2\xi^2 + c_3\xi^3 \tag{3.10}$$

$$G(\xi) = c_1 + 2c_2\xi + 3c_3\xi^2 \tag{3.11}$$

となります。

「$\xi = 0$」(「$x = x_i$」に相当)と「$\xi = -\Delta x$」(「$x = x_{i-1}$」に相当)における境界条件は、

$$F(0) = f_i, \quad F(-\Delta x) = f_{i-1}, \quad G(0) = g_i, \quad G(-\Delta x) = g_{i-1} \tag{3.12}$$

となります。

ただし、「f_i^n」を「f_i」で表記し、「g_i^n」を「g_i」で表記しています。

式(3.10)、式(3.11)に、これらの「境界条件」を与えると、次のように係数「c_i」が求まります。

$$\begin{cases} c_0 = f_i \\ c_1 = g_i \\ c_2 = 3(f_p - f_i)/\delta^2 + (2g_i + g_p)/\delta \\ c_3 = (g_i + g_p)/\delta^2 - 2(f_i - f_p)/\delta^3 \end{cases} \tag{3.13}$$

ここで、「f_p」「g_p」はそれぞれ、「格子点」(i)に対する「上流点」($i-1$)の「関数値」と、その「微係数」であり、「$\delta = \Delta x$」です。

「速度」(u)が「負」のときは、「$i+1$」が「上流点」であり、「$\delta = -\Delta x$」とします。

「時刻」($t = t_{n+1}$)に対する「関数値」(f_i^{n+1})および「微係数」(g_i^{n+1})は、「$\xi = -u\Delta t$」における「関数値」($F(-u\Delta t)$)および「微係数」($G(-u\Delta t)$)として求めることができます。

第3章 「時間発展」問題
Time-Evolution Problems

3.1.3 「移流方程式」のプロジェクト

「GL_Advection」は、「1次元移流方程式」の計算手法による違いを調べるプロジェクトです。

図3.2に実行例を示します。

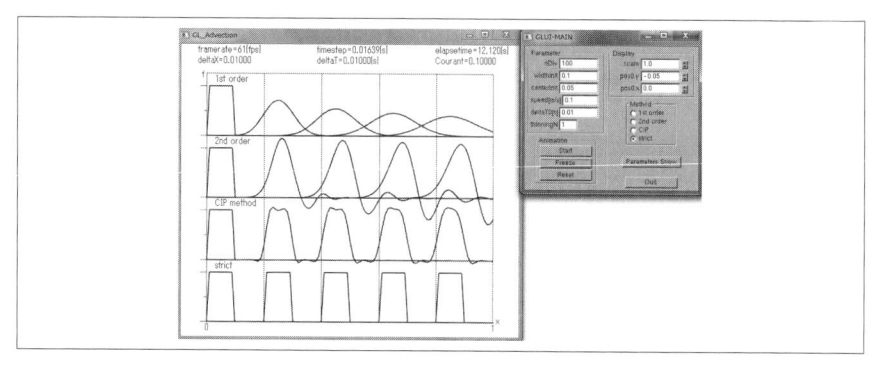

＊

図3.2　1次元移流方程式の実行例（GL_Advection）
上から、「1次風上差分」「2次風上差分」「CIP法」「厳密解」である。

プロジェクトを立ち上げると、表示画面には4個の「パルス波形」が表示されます。これらの「初期設定」は、「GLUIウィンドウ」の「[Parameter]パネル」で行なっています。

「x軸」の領域は$[0,1]$に固定し、[nMesh]でその「分割数」を設定し、[widthInit]で「初期のパルス幅」を、[centerInit]で「パルスの中心位置」を設定します。

[speed]は「移流速度」であり、x軸領域の「長さ」の単位を[m]としたとき、「速度」の単位は[m/s]です。

[deltaT0]は、「数値解析」のときの「刻み時間」（タイム・ステップ）です。

このプロジェクトでは、**(a)** ハードで決まる「タイム・ステップ」（表示画面に表示されるパラメータの「timestep」）と、**(b)** 「数値解析」の「タイム・ステップ」（deltaT）は、異なります。

「[Parameter]パネル」の「thinningN」は、「間引き表示」の値であり、「数値解析」の「deltaT」は、設定値の「deltaT0」を「thinningN」で割った値です。

こうすることで、「クーラン数」を調整しています。

「[Parameter]パネル」の値を変更したときは、「[Animation]パネル」の「[Reset]ボタン」をクリックすると、表示画面に「クーラン数」（Courant）が表示されるので、その

3.1 移流方程式

値が希望する値になるように[deltaT0]と[thinningN]の値を調整します。

＊

「GLUIウィンドウ」の「[Method]パネル」の「ラジオボタン」で、解法の種類を選択し、「[Animation]パネル」の「[Start]ボタン」をクリックすると、「表示画面」のその種類に対応した「矩形領域」において「パルス波形」(プロファイル)が「右方向」に流れていきます。

初期設定では「2秒間隔」で「プロファイル」が記録されます。

「矩形領域」は、上から、「1次精度風上差分」「2次精度風上差分」「CIP法」「厳密解」となっています。

「厳密解」は、「1格子間隔走行時間」ごとに「原波形」をスライドさせることで作っています。

図3.2の結果を見ると、「1次風上差分」の"なまり"が、非常に「大きい」ことが分かります。

これと比べて「CIP法」では、「プロファイル」の"なまり"は、極めて「小さい」ことが分かります。

「分割数」を大きくすると、"なまり"は軽減します。

「1次風上差分」と「CIP法」は、「$c > 1$」で発散します。

一方、「2次風上差分」では「$c \geq 0.2$」で発散するようになります。

「初期設定」で「パルス」を「右側」に置き、「speed」を「負」にすると、「プロファイル」は「右側」から「左側」に流れるようになります。

＊

リスト3.1に、「差分法」「CIP法」「厳密解」の、「計算ルーチン」を示します。

式(3.6)～式(3.8)の「物理量」(f_i)の計算には、「計算前後」の「配列」が必要です。

このプログラムでは「f0[]」に「計算前のデータ」を格納し、「f1[]」に「計算後のデータ」を、格納しています。

「1ステップ」計算した後で、次のステップの計算のために、「f1[]」のデータを「f0[]」の「配列」に移しています。

同じように「CIP」の「微係数」(g_i)の配列として、「g0[]」と「g1[]」を使っています。

リスト3.1 「glAdvection.cpp」の「calculate()ルーチン」

```
void calculate(float deltaT, float cou)
{
  int im1 = 0, ip1 = 0, im2 = 0, ip2 = 0;
  float fm1 = 0.0, fp1 = 0.0, fm2 = 0.0, fp2 = 0.0;

  if(method <= 1)//1次精度、次精度
```

第3章 「時間発展」問題
Time-Evolution Problems

```c
{
  for(int i = 0; i <= nMesh; i++)
  {
    im1 = i-1; ip1 = i+1;
    if(im1 < 0) fm1 = 0.0; else fm1 = f0[im1];
    if(ip1 > nMesh) fp1 = 0.0; else fp1 = f0[ip1];

    if(method == 0)
    {
      //1次精度
      f1[i] = f0[i] + 0.5 * (cou * (fm1 - fp1) + fabs(cou) * (fp1 + fm1 - 2.0 * f0[i]));
    }
    else if(method == 1)
    {
      im2 = i - 2; ip2 = i + 2;
      if(im2 < 0) fm2 = 0.0; else fm2 = f0[im2];
      if(ip2 > nMesh) fp2 = 0.0; else fp2 = f0[ip2];
      //2次精度
      f1[i] = f0[i] - 0.25 * ( cou * (fm2 - 4.0 * (fm1 - fp1) - fp2) + fabs(cou) * (fm2 - 4.0 * (fm1 + fp1) + 6.0 * f0[i] + fp2));
    }
  }
  for(int i = 0; i <= nMesh; i++)
    f0[i] = f1[i];//計算後のデータを次回の計算のために保存
}
else if(method == 2) methodCIP(deltaT);//CIP

//時系列データの保存
for(int k = 1; k < nTime; k++)
{
  if(mark[method][k] == 1) continue;
  if(elapseTime2 >= time[k] / (float)thinningN)
  {
    for(int i = 0; i <= nMesh; i++) f_t[method][i][k] = f0[i];
    mark[method][k] = 1;
  }
}
}
```

3.2 拡散方程式

「拡散方程式」(diffusion equation)は、「温度の拡散」(すなわち「熱伝導」)や「物質の密度」「濃度の拡散」など、「一様な媒質中」を「物理量」が「拡散」する現象を扱います。

3.2.1 1次元拡散方程式

(1) 陽解法

「1次元拡散方程式」は、

$$\frac{\partial f}{\partial t} = D \frac{\partial^2 f}{\partial x^2} \tag{3.14}$$

で与えられます。

「f」は、「温度」や「濃度」を表わす「物理量」であり、「D」は「拡散係数」(単位は[m^2/s])です。

「時間」に「前進微分」、「空間」に「中心差分」を用いると、次式の「陽解法」によって解くことができます。

$$f_i^{n+1} = f_i^n + d\left(f_{i+1}^n - 2f_i^n + f_{i-1}^n\right) \tag{3.15}$$

ここで、

$$d = D \frac{\Delta t}{\Delta x^2} \tag{3.16}$$

は「拡散数」です。

解が収束するには「$d \leq 0.5$」でなければならない、という制約が必要です。
これは、「CFL条件」($c < 1$)より厳しい制約なので、注意する必要があります。

(2) 陰解法

「陽解法」(explicit method)では、解が収束するためには「クーラン数」や「拡散数」すなわち「タイム・ステップ」を小さくしなければならない、という制約があります。
この制約から逃れる方法として、プログラムは少々複雑になりますが、**陰解法**(implicit method)があります。

「陰解法」では、「時間差分」に「後退差分」を用います。
「1次元拡散方程式」に対しては、

第3章 「時間発展」問題
Time-Evolution Problems

$$\frac{f_i^n - f_i^{n-1}}{\Delta t} = \frac{f_{i+1}^n - 2f_i^n + f_{i-1}^n}{(\Delta x)^2} \tag{3.17}$$

となります。「n」を「$n+1$」と表示し、「$n-1$」を「n」で表示すると、

$$-df_{i-1}^{n+1} + (1+2d)f_i^{n+1} - df_{i+1}^{n+1} = f_i^n \tag{3.18}$$

が得られます。

「d」は、式(3.16)の「拡散数」です。

「f_i^n」が求まっているとしても、未知数が3個($f_{i-1}^{n+1}, f_i^{n+1}, f_{i+1}^{n+1}$)なので、これだけでは求めることができません。

すべての「格子」に対して上式をつくると、

$$\begin{bmatrix} a_1 & a_2 & 0 & 0 & \cdots & 0 \\ a_0 & a_1 & a_2 & 0 & \cdots & 0 \\ 0 & a_0 & a_1 & a_2 & & \vdots \\ 0 & 0 & \ddots & \ddots & \ddots & 0 \\ \vdots & \vdots & & a_0 & a_1 & a_2 \\ 0 & 0 & \cdots & 0 & a_0 & a_1 \end{bmatrix} \begin{bmatrix} f_0^{n+1} \\ f_1^{n+1} \\ f_2^{n+1} \\ \vdots \\ f_{N-1}^{n+1} \\ f_N^{n+1} \end{bmatrix} = \begin{bmatrix} f_0^n \\ f_1^n \\ f_2^n \\ \vdots \\ f_{N-1}^n \\ f_N^n \end{bmatrix} \tag{3.19}$$

のように、「3重対角係数行列」をもつ「線形連立方程式」になります。

ここで、「$a_0 = a_2 = -d$」「$a_1 = 1+2d$」です。

「係数行列」の値はこの3個だけであり、これを「**トーマス法**」によって効率良く解くことができます。

(3) トーマス法のアルゴリズム

式(3.19)において、「未知数」(f_i^{n+1})を「x_i」とし、「既知数」(f_i^n)を「b_i」とします。

「トーマス法」のアルゴリズムは、以下のようになります。

ステップ1: $p_0 = a_1$, $q_0 = b_0$
ステップ2: $i = 1, 2, \cdots N$の順に前進消去
$$p_i = a_1 - a_0 a_2 / p_{i-1}, \quad q_i = b_i - a_0 q_{i-1} / p_{i-1}$$
ステップ3: $x_N = q_N / p_N$
ステップ4: $i = N-1, N-2, \cdots, 0$の順に後退代入
$$x_i = (q_i - a_2 b_{i+1}) / p_i$$

3.2 拡散方程式

上のアルゴリズムは、すべての「x_i」が「未知数」の、一般的な場合です。

「基本境界条件」(ディリクレ型)のときは、「$x_0 = b_0$」と「$x_N = b_N$」は確定していることに注意します。

また、「自然境界条件」(ノイマン型)のときは、「$x_0 = x_1$」なので、式(3.19)の「1行目」と「1列目」を省略し、「$i=1$」から実行します。

ただし、「**ステップ1**」は「$p_1 = a_0 + a_1, q_1 = b_1$」のように変更し、「**ステップ2**」は「$i=2$」から始め、「**ステップ3**」は「$x_N = b_{N-1}$」とします。

「**ステップ4**」は、「$i=1$」まで計算し、最後に「$x_0 = x_1$」とします。

(4) 1次元拡散方程式のプロジェクト

「GL_Diffusion1D」は、「1次元拡散方程式」を解くプロジェクトです。

(a)「GLUIウィンドウ」の「[Method]パネル」の「ラジオボタン」で「陽解法[explicit]」か、「陰解法[implicit]」かを選択し、**(b)**「[Boundary]パネル」の「ラジオボタン」で「基本境界条件[Dirichlet]」か、「自然境界条件[Neumann]」かを選択します。

このプロジェクトでも、「ハード」で決まる「タイム・ステップ」(timestep)と「数値解析」の「タイム・ステップ」(deltaT)は異なります。

「数値解析」の「deltaT」は、設定値の「deltaT0」を「thinningN」で割った値です。

「分割数」が「100」、「拡散係数」が「0.001[m²/s]」、「拡散数」が「0.1」、「陽解法」「自然境界条件」のときの実行例を、**図3.3**に示します。

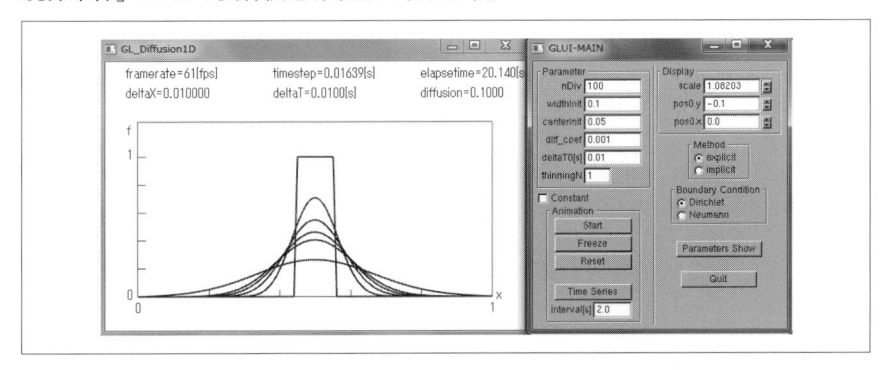

図3.3 1次元拡散方程式の実行例(GL_Diffusio1D)
中心部分、トップが初期プロファイルであり、2秒間隔で記録した結果である。

実行後、「[Animation]パネル」の[TimeSeries]をクリックすると、2秒間隔で拡散していく様子が記録されます。

記録する時間間隔は、[interval]で変更できます。

第3章 「時間発展」問題
Time-Evolution Problems

「陰解法」では、「拡散数」が「100」でも正常に計算できます。

「チェックボックス[Constant]」をチェックしたときは、中央部分の値が常に「1」のままになります。

リスト3.2に「計算ルーチン」を示します。

「トーマス法」は「simultaneous.h」に実装している「クラス」(Sle)の「メンバ関数」(Thomas())にプログラムされています。

リスト3.2　「glDiffusion1D.cpp」の「calculate()ルーチン」

```cpp
void calculate(float deltaT, float d)
{
  int nWidth = widthInit / deltaX;
  if(flagConstant)//常に中心温度がとなるように設定
  {
    for (int i = 0; i <= rect.nMesh; i++)
    {
      if(i >= (rect.nMesh - nWidth) / 2 && i <= (rect.nMesh + nWidth) / 2) f0[i] = 1.0;
    }
  }

  if(method == 0)//陽解法
  {
    if(boundary == 0) { f0[0] = 0.0; f0[rect.nMesh] = 0.0;}//Dirichlet
    else if(boundary == 1) { f0[0] = f0[1]; f0[rect.nMesh] = f0[rect.nMesh-1];}//Neumann

    for(int i = 0; i <= rect.nMesh; i++)
    {
      f1[i] = f0[i] + d * (f0[i-1] - 2.0 * f0[i] + f0[i+1]);
    }
    for(int i = 0; i < rect.nMesh; i++) f0[i] = f1[i];
  }

  else//Thomas法
  {
    float a[3];
    a[0] = - d;
    a[1] = 1.0 + 2.0 * d;
    a[2] = - d;

    if(boundary==0) { f0[0] = 0.0; f0[rect.nMesh] = 0.0;}
    else if(boundary == 1) { f0[0] = f0[1]; f0[rect.nMesh] = f0[rect.nMesh-1];}
    sle.Thomas(a, f0, rect.nMesh, boundary);
  }
}
```

```
  for(int k = 1; k < nTime; k++)
  {
    if(mark[k] == 1) continue;
    if(elapseTime2 >= time[k])
    {
      for(int i = 0; i <= rect.nMesh; i++) f_t[i][k] = f0[i];
      mark[k] = 1;
    }
  }
}
```

3.2.2 2次元拡散方程式

(1) 定式化

「2次元拡散方程式」は次式で与えられます。

$$\frac{\partial f}{\partial t} = D\left(\frac{\partial^2 f}{\partial x^2} + \frac{\partial^2 f}{\partial y^2}\right) \tag{3.20}$$

「陽解法」の「差分表示」は、

$$\frac{f_i^{n+1} - f_i^n}{\Delta t} = D\left(\frac{f_{i+1,j}^n - 2f_{i,j}^n + f_{i-1,j}^n}{\Delta x^2} + \frac{f_{i,j+1}^n - 2f_{i,j}^n + f_{i,j-1}^n}{\Delta y^2}\right) \tag{3.21}$$

です。

「拡散数」を「$d_x = D\Delta t / \Delta x^2$, $d_y = D\Delta t / \Delta y^2$」と置くと、「時刻」($t = t_{n+1}$)に対する「物理量」($f_{i,j}^{n+1}$)は、次式で計算できます。

$$f_{i,j}^{n+1} = f_{i,j}^n + d_x\left(f_{i+1,j}^n - 2f_{i,j}^n + f_{i-1,j}^n\right) + d_y\left(f_{i,j+1}^n - 2f_{i,j}^n + f_{i,j-1}^n\right) \tag{3.22}$$

もし、「$d_x = d_y = d$」ならば、

$$f_{i,j}^{n+1} = f_{i,j}^n + d\left(f_{i+1,j}^n + f_{i-1,j}^n + f_{i,j+1}^n + f_{i,j-1}^n - 4f_{i,j}^n\right) \tag{3.23}$$

となります。

(2)「GPGPU」によるプロジェクト

「2次元問題」を「CPU側」だけでプログラムすると、「処理速度」が遅くなり、大きなフレーム数を得ることができず、「リアルタイム処理」が不充分になることがあります。

「数値計算」を「GPU側」で「並列処理」する技術を、「GPGPU」あるいは「GPUコンピューティング」と言います。

第3章 「時間発展」問題
Time-Evolution Problems

「GP_Diffusion2D」は、「2次元拡散方程式」を解くために、「GPGPU」の技術を利用したプロジェクトです。

「GPGPUプロジェクト」の構成法については、このプロジェクトを例に、**3.4節**で示します。

このプロジェクトの「計算領域」は、「10[m]×10[m]」としています。

「分割数」が各辺「100」のとき、「格子間隔」は「$\Delta x = \Delta y = 0.1[\text{m}]$」です。

＊

図3.4に実行例を示します。

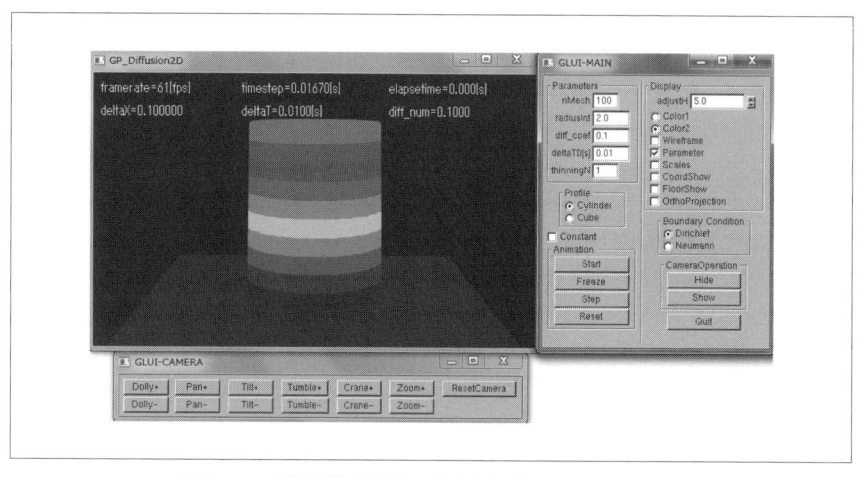

図3.4　2次元拡散方程式の実行例1（GL_Diffusion2D）
円柱プロファイルの初期状態を示す。

このプロジェクトでは、「計算モデル」は「2次元」ですが、「温度」や「濃度」の「物理量」を、「高さ」と「カラー」で表示しており、「3次元グラフィックス」となっています。

「GLUIウィンドウ」が2つに分かれており、下段の「GLUIウィンドウ」によって、「プロファイルの大きさ」、「左右上下の位置」などを変更できます。

これらの「カメラ操作」（「ドリー」「パン」「チルト」「タンブル」「クレーン」「ズーム」）は、「表示ウィンドウ」上をマウスで直接操作することもできます。

「操作方法」は、プロジェクトを実行したときに「コンソール画面」に表示されます。

「初期プロファイル」は「円柱」と「直方体」があり、「[Profile]パネル」の「ラジオボタン」で選択できます。

「境界条件」も、「1次元」のときと同じように「Boundary」パネルで選択します。

3.2 拡散方程式

「[Display]パネル」の「[adjustH]スピナー」によって、「プロファイル」の「表示上の高さ」を変更できます。

「カラー表示」にも2種類あり、[Color1]は「連続表示」であり(「温度や濃度の高い領域」を「赤」、「低い領域」を「青」、「中間」を「緑」)、[Color2]は「段階表示」です(「色の境界」は「等高線」となっている)。

[Wireframe]で「ワイヤーフレーム表示」、[Parameter]で「パラメータの表示/非表示切り替え」、[Scales]で「スケール表示」、[CoordShow]で「座標表示」、[FloorShow]で「フロア表示」、[OrthoProjection]で「正投影表示」が可能です(「正投影表示」のときは「パラメータ表示」を「非表示」にする)。

「熱供給源」の「温度」を一定に保ったとき、「温度分布」の「時間変化」を見たいときは、「GLUIウィンドウ」において「チェックボックス[Constant]」をチェックします。
このときは、常に「プロファイル」の高さが「1」に設定されます。
これを「コンスタント・モード」と呼ぶことにします。

図3.4は「円柱プロファイル」の初期状態を示しています。
「拡散係数」が「0.1[m^2/s]」、「タイム・ステップ」が「0.01[S]」、「拡散数」が「0.1」のときの実行例を、**図3.5(a)**に示しています(スケール表示、段階表示)。
「直方体プロファイル」の実行例を**図3.5(b)**に示します(「コンスタント・モード」「連続表示」「フロア表示」「スケール表示」)。

(a) 円柱プロファイル　　(b) 直方体プロファイル

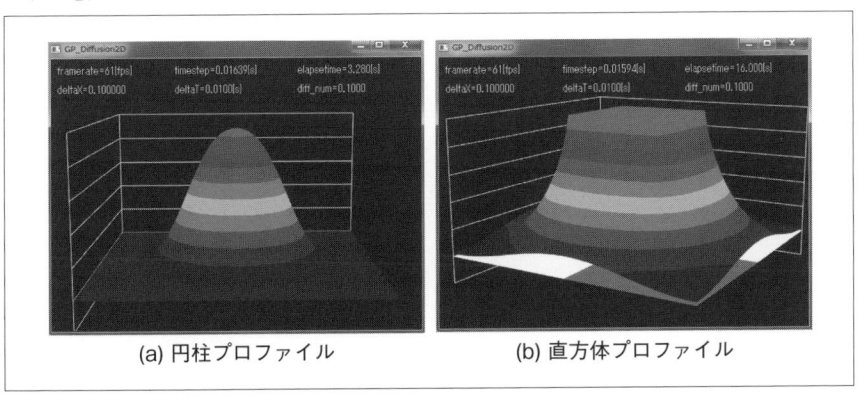

図3.5　2次元拡散方程式の実行例2(GL_Diffusion2D)

「直方体」でも、実行後の「拡散」によって「底辺」ほど「角」がなまり、「円柱状」になっています。

第3章 「時間発展」問題
Time-Evolution Problems

このときは「自然境界条件」(Neumann)であり、「フロア表示」によって、「境界」における「物理量」の変化が分かりやすくなっています。

3.3 移流拡散方程式

静かに流れる水流にインクを落とすと、「拡散」しながら下流に流れていきます。
煙突から吐き出される煙や、放射能の拡散など、現実に存在する多くの拡散は、「移流拡散」です。

3.3.1　1次元移流拡散方程式

(1) 風上差分

「1次元」の「移流拡散」の方程式は、

$$\frac{\partial f}{\partial t} + u\frac{\partial f}{\partial x} = D\frac{\partial^2 f}{\partial x^2} \tag{3.24}$$

で与えられます。

「移流項」に「1次風上差分」を用い、「拡散項」に「中央差分」を用いると、

$$f_i^{n+1} = f_i^n + \frac{c}{2}\left(f_{i-1}^n - f_{i+1}^n\right) + \frac{|c|}{2}(f_{i-1}^n - 2f_i^n + f_{i+1}^n) \\ + d\left(f_{i+1}^n - 2f_i^n + f_{i-1}^n\right) \tag{3.25}$$

です。

(2) CIP法

「CIP法」を「移流拡散方程式」にも利用できます。
式(3.24)を「移流項」と「拡散項」の2つに分離して、2段階で解きます。
「時間微分」の項を、「差分」で表現すると、

$$\frac{\tilde{f} - f^n}{\Delta t} + u\frac{\partial f}{\partial x} = 0 \tag{3.26}$$

$$\frac{f^{n+1} - \tilde{f}}{\Delta t} = D\frac{\partial^2 f}{\partial x^2} \tag{3.27}$$

となります。
式(3.26)は「移流方程式」に相当し、式(3.27)は「拡散方程式」に相当します。

3.3 移流拡散方程式

「$\tilde{f}$」を3.1.2項で説明した方法で解き、式(3.27)の「拡散項」に「中央差分」を用いて、

$$f^{n+1} = \tilde{f} + d\left(f_{i+1}^n - 2f_i^n + f_{i-1}^n\right) \tag{3.28}$$

のように求めることができます。

(3) 陰解法

「移流拡散方程式」に対し、「陰解法」を適用してみます。

「移流方程式」に対して「1次風上差分」を、「拡散部分」に対して「中央差分」を適用します。

式(3.25)の「空間差分」の項に、「時刻」(t_{n+1})のときと(t_n)のときの値に、それぞれ「λ」「$(1-\lambda)$」の重みをつけて、その「平均」をとると、

$$\begin{aligned}
f_i^{n+1} = f_i^n &+ \lambda\left\{\frac{c}{2}\left(f_{i-1}^{n+1} - f_{i+1}^{n+1}\right) + \frac{|c|}{2}\left(f_{i-1}^{n+1} - 2f_i^{n+1} + f_{i+1}^{n+1}\right)\right\} \\
&+ (1-\lambda)\left\{\frac{c}{2}\left(f_{i-1}^n - f_{i+1}^n\right) + \frac{|c|}{2}\left(f_{i-1}^n - 2f_i^n + f_{i+1}^n\right)\right\} \\
&+ d\left\{\lambda\left(f_{i-1}^{n+1} - 2f_i^{n+1} + f_{i+1}^{n+1}\right) + (1-\lambda)\left(f_{i-1}^n - 2f_i^n + f_{i+1}^n\right)\right\}
\end{aligned} \tag{3.29}$$

となります。

「$\lambda = 0$」と置くと、式(3.25)の「陽解法」になります。

「$\lambda = 1/2$」と置くと、

$$\begin{aligned}
&-\left(\frac{c}{4} + \frac{|c|}{4} + \frac{d}{2}\right)f_{i-1}^{n+1} + \left(1 + \frac{|c|}{2} + d\right)f_i^{n+1} + \left(\frac{c}{4} - \frac{|c|}{4} - \frac{d}{2}\right)f_{i+1}^{n+1} \\
&= \left(\frac{c}{4} + \frac{|c|}{4} + \frac{d}{2}\right)f_{i-1}^n + \left(1 - \frac{|c|}{2} - d\right)f_i^n - \left(\frac{c}{4} - \frac{|c|}{4} - \frac{d}{2}\right)f_{i+1}^n
\end{aligned} \tag{3.30}$$

となり、すべての「格子」に対して作ると、式(3.19)に相当する「3重対角係数行列」をもつ「線形連立方程式」が得られます。

これは、「**半陰解法**」または「**クランク＝ニコルソン法**」と呼ばれます。

「$\lambda = 1$」のときは、「**純陰解法**」または「**完全陰解法**」と呼ばれ、次式が得られます。

第3章 「時間発展」問題
Time-Evolution Problems

$$-\left(\frac{c}{2}+\frac{|c|}{2}+d\right)f_{i-1}^{n+1}+\left(1+|c|+2d\right)f_i^{n+1}+\left(\frac{c}{2}-\frac{|c|}{2}-d\right)f_{i+1}^{n+1}=f_i^n \quad (3.31)$$

「半陰解法」および「純陰解法」は、先に述べた「トーマス法」で解くことができます。

(4) 1次元移流拡散のプロジェクト

「GL_AdvDiffusion1D」は、「1次元移流拡散方程式」を解くプロジェクトです。上に述べた4つの解法を比較しています。

「分割数」が「100」、「拡散係数」が「0.0001[m²/s]」、「タイム・ステップ」が「0.01[S]」、「クーラント」が「0.1」、「拡散数」が「0.01」のときの実行例を図3.6に示します。

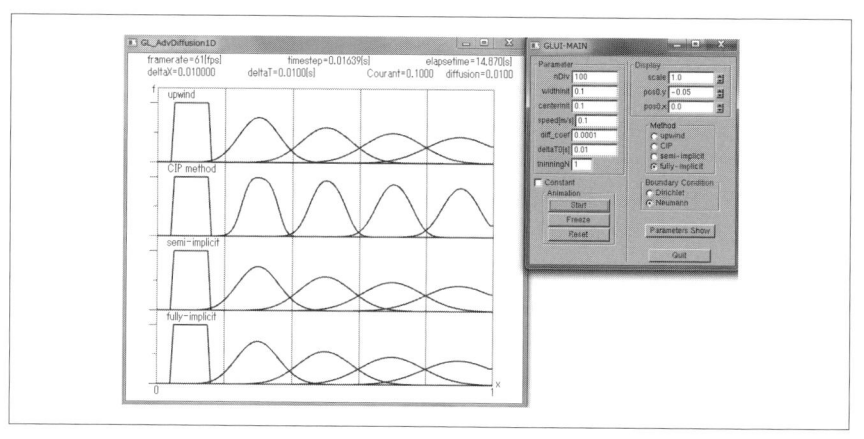

図3.6　1次元移流拡散方程式の実行例(GL_AdvDiffusion1D)

「初期設定」では、「2秒間隔」で「プロファイル」が記録されます。
「境界条件」は、「自然境界条件」(ノイマン型)の場合です。
「風上差分」の「陽解法」と2つの「陰解法」は、ほとんど同じであり、「CIP法」に比べて「数値拡散」の影響が大きいようです。
「拡散係数」を「0.001[m²/s]」以上にすると、どの解法も同じような結果になります。
しかし、「クーラント」が「1」に、「拡散数」が「0.5」に近づくと、「風上差分」および「CIP法」は「不安定」になります。
「陰解法」であっても「半陰解法」は、「クーラント」と「拡散数」のどちらも「1～10」程度で不安定になります。
一方、「純陰解法」は、これらの値が「100」以上でも安定に計算できます。

3.3 移流拡散方程式

3.3.2 2次元移流拡散方程式

「1次元」の結果から分かるように、「CIP法」によるプログラムが「数値拡散」の影響が最も少ないので、「2次元移流拡散プロジェクト」に対しては、「CIP法」だけを利用します。

「2次元CIP」にはいくつかのタイプがあり、本書では「A型」だけを使います。

(1) CIP法による定式化

「2次元移流拡散」の方程式は、「x」および「y」方向速度を、それぞれ「u」「v」として、

$$\frac{\partial f}{\partial t} + u\frac{\partial f}{\partial x} + v\frac{\partial f}{\partial y} = D\left(\frac{\partial^2 f}{\partial x^2} + \frac{\partial^2 f}{\partial y^2}\right) \tag{3.32}$$

で与えられます。

右辺の拡散項は、**3.2.2項**で説明した方法で解くことができます。

左辺の「移流項」に対して、「2次元」の「CIP法」を適用します。

図3.7に「$u>0, v>0$」の場合の「2次元CIP法」の考え方を示します。

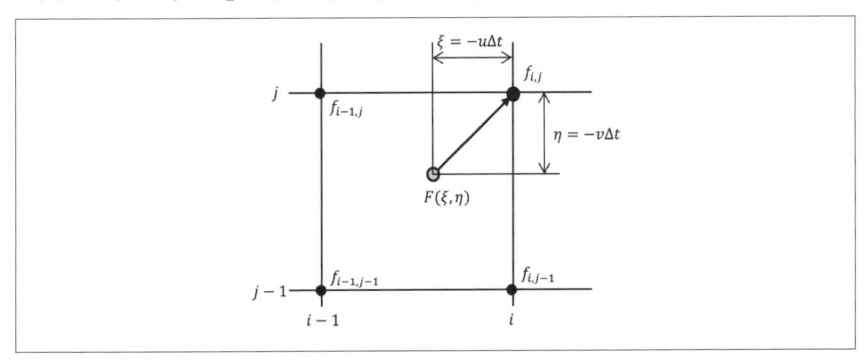

図3.7 2次元CIP法の原理

「格子点」(i,j)に対する「風上点」は、「$i-1, i, j-1, j$」の範囲にあり、「時刻」$(t=t_{n+1})$の「$f_{i,j}^{n+1}$」は、「時刻」$(t=t_n)$における「$f_{i-1,j-1}^n, f_{i,j-1}^n, f_{i,j}^n, f_{i-1,j}^n$」から推定される、近似式「$F(\xi,\eta)$」で与えられます。

ここで、

$$\xi = -u\Delta t, \quad \eta = -v\Delta t \tag{3.33}$$

です。近似式を「3次エルミート補間」で示すと、

第3章 「時間発展」問題
Time-Evolution Problems

$$F(\xi,\eta) = \sum_{l=0}^{3}\sum_{m=0}^{3} C_{l,m}\xi^{l}\eta^{m} \tag{3.34}$$

となり、係数の総数は16個となります。

「A型CIP」では、次式のように10個を使っています。

$$F(\xi,\eta) = \left\{\left(C_{3,0}\xi + C_{2,1}\eta + C_{2,0}\right)\xi + C_{1,1}\eta + C_{1,0}\right\}\xi$$
$$+ \left\{\left(C_{0,3}\eta + C_{1,2}\xi + C_{0,2}\right)\eta + C_{0,1}\right\}\eta + C_{0,0} \tag{3.35}$$

さらに、「$G_x(\xi,\eta) = \partial F / \partial \xi$」「$G_y(\xi,\eta) = \partial F / \partial \eta$」としたとき、各「格子点の関数値」($f$)と、「$x$」および「$y$」方向の「微係数」($g, h$)によって求めることができます。

結果を示すと、次のようになります。

$$\begin{cases}
C_{3,0} = \left\{\left(g_{ip,j} + g_{i,j}\right)\delta_x - 2\left(f_{i,j} - f_{ip,j}\right)\right\}/\delta_x^3 \\
C_{0,3} = \left\{\left(h_{i,jp} + h_{i,j}\right)\delta_y - 2\left(f_{i,j} - f_{i,jp}\right)\right\}/\delta_y^3 \\
C_{2,0} = \left\{3\left(f_{ip,j} - f_{i,j}\right) + 2\left(g_{ip,j} + 2g_{i,j}\right)\delta_x\right\}/\delta_x^2 \\
C_{0,2} = \left\{3\left(f_{i,jp} - f_{i,j}\right) + 2\left(h_{i,jp} + 2h_{i,j}\right)\delta_y\right\}/\delta_y^2 \\
a = f_{i,j} - f_{i,jp} - f_{ip,j} + f_{ip,jp} \\
b = h_{ip,j} - h_{i,j} \\
C_{1,2} = (-a - b\delta_y)/\left(\delta_x\delta_y^2\right) \\
C_{2,1} = \left\{-a - \left(g_{i,jp} - g_{i,j}\right)\delta_x\right\}/\left(\delta_x^2\delta_y\right) \\
C_{1,1} = (-b + C_{2,1}\delta_x^2)/\delta_x \\
C_{1,0} = g_{i,j} \\
C_{0,1} = h_{i,j} \\
C_{0,0} = f(i,j)
\end{cases} \tag{3.36}$$

ここで、「ip, jp」はそれぞれ「i, j」の上流点です。

「$u > 0$」ならば「$\delta_x = \Delta x$」であり、「$u < 0$」ならば「$\delta_x = -\Delta x$」であって、同じように、「$v > 0$」ならば「$\delta_y = \Delta y$」で、「$v < 0$」ならば「$\delta_y = -\Delta y$」です。

「2次元」への拡張は、近似の方法によって、「A型」以外にもいくつかの種類があります。

詳しくは矢部孝らの書籍(21、22)を参照してください。

3.3 移流拡散方程式

(2) 2次元移流拡散のプロジェクト

「GP_AdvDiffusion2D」は、「2次元移流拡散」を実現する「GPGPUプロジェクト」です。

図3.8に、「プロジェクト」を立ち上げたときの実行画面を示します。

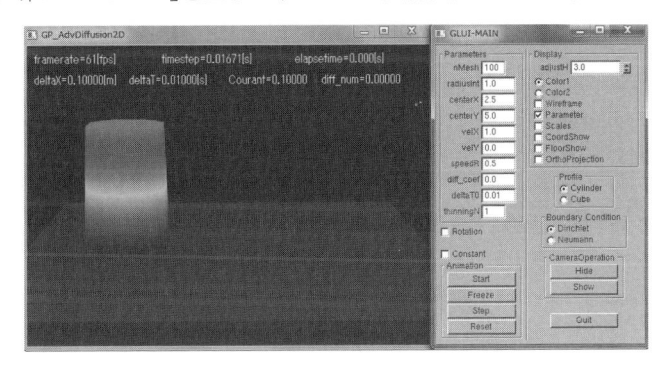

図3.8　2次元移流拡散の初期画面（GP_AdvDiffusion2D）

「GLUIウィンドウ」は、走行速度用の「エディットボックス」および「回転用」の「チェックボックス」が追加されている以外は、「GP_Diffusion2D」のときとほぼ同じです。

[velX]および[velY]は、「直線モード」の速度です。

「回転モード」にするときは、「[Rotation]チェックボックス」をチェックします。

[speedR]で「回転速度」を変更できます。

「回転モード」のときの各「格子点」の速度は、「initData()ルーチン」において、

$$\begin{cases} v_x = v_0 y \\ v_y = -v_0 x \end{cases} \tag{3.37}$$

で与えています。

ここで、「x」および「y」は、計算領域中心からの距離です。

「v_0」が[speedR]で与えられた「速度比例係数」です。

表示画面に表示される「Courant」は、「直線モード」のときは「速度の絶対値」で計算された値であり、「回転モード」のときは「絶対値の最大値」で計算された値です。

この値が「1」を超えると計算が「不安定」になって、「発散」するようになります。

そのようなときは、[thinningN]を大きくして、「間引き表示」にします。

＊

図3.9は真上から見た「回転モード」の実行例です。

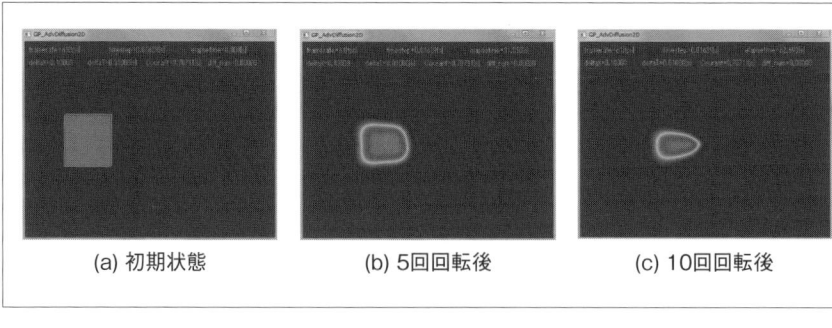

第3章 「時間発展」問題
Time-Evolution Problems

| (a) 初期状態 | (b) 5回回転後 | (c) 10回回転後 |

図3.9　回転モードの実行例(GP_AdvDiffusion2D)

「プロファイル」に「直方体」を使い、「拡散係数」を「0」に設定したときの「数値拡散」の影響を調べています。

(a)は「初期状態」、(b)は「5回回転後」、(c)は「10回回転後」の結果です。

「数値拡散」が少ないと言われる「CIP法」でも、「10回」も回転すると、かなりなまっています。

図3.10に「回転モード」でかつ「コンスタント・モード」の実行例を2つ示します。

| (a) 常時コンスタント・モード | (b) 間欠的にコンスタント・モード |

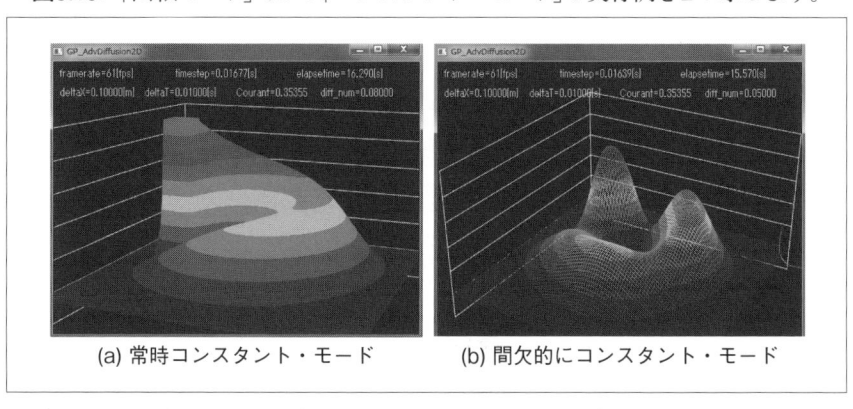

図3.10　回転モードおよびコンスタント・モードの実行例(GP_AdvDiffusion2D)

(a)は常時チェックした場合、(b)は間欠的にチェックした場合です。

さまざまな「3次元プロファイル」をつくることができます。

(a)は「段階表示」、(b)は「連続表示」で、かつ「ワイヤーフレーム表示」にしています。

*

リスト3.3に「CPU側」(アプリケーション側)の「initData()ルーチン」を、リスト3.4に「GPU側」(シェーダ側)の「simulation.frag」を示します。

このプロジェクトでは、「物理量」(温度や濃度)を「phi」で表わし、「走行速度」を

3.3 移流拡散方程式

「vel」または「velocity」としています。

「GPU側」で使う「物理量」を「phi.r」で、「x方向微分」を「phi.g」で、「y方向微分」を「phi.b」で表現しており、「CPU側」では「phi[]」の配列として、1「格子点」当たり3個の「float型メモリ」を確保しています。

速度は「float型」2個ぶんですみますが、3個ぶんで確保し、1個ぶんを未使用としています。

リスト3.3 「gpAdvDiffusion2D.cpp」の「initData()ルーチン」

```
void initData()
{
  flagFreeze = 0;
  flagStep = 0;

  rect.delta.x = rect.size.x / (float)rect.nMesh;
  rect.delta.y = rect.size.y / (float)rect.nMesh;

  //物理量テクセルサイズ
  texWidth  = rect.nMesh + 1;//座標テクスチャの横サイズ
  texHeight = texWidth;      //座標テクスチャの縦サイズ
  //物理量配列の宣言
  phi = (float*)malloc(3 * texWidth * texHeight * sizeof(float));
  vel = (float*)malloc(3 * texWidth * texHeight * sizeof(float));

  int i, j, k;
  float x, y, r;

  maxSpeed = 0.0;
  float speed;
  for(j = 0; j < texHeight; j++)
    for(i = 0; i < texWidth; i++)
    {
      k = i + j * texWidth;
      //分布中心からの距離
      x = (float)i * rect.delta.x - centerInit.x ;
      y = (float)j * rect.delta.y - centerInit.y ;
      if(profile == 0)//Cylinder
      {
        r = sqrt(x * x + y * y);
        if(r < radiusInit) phi[3*k] = 1.0;//物理量
        else phi[3*k] = 0.0;
      }
      else//Cube
      {
        if(fabs(x) < radiusInit && fabs(y) < radiusInit) phi[3*k] = 1.0;
        else phi[3*k] = 0.0;
      }
      //微分値
      phi[3*k + 1] = 0.0;//gx=df/dx
```

```
            phi[3*k + 2] = 0.0;//gy=df/dy

        if(flagRotation)
        {
        //矩形中心からの距離
        x = (float)(i - texWidth/2) * rect.delta.x ;
        y = (float)(j - texHeight/2) * rect.delta.y ;
        vel[3 * k]     = speedR * y; //速度x成分(時計回り)
        vel[3 * k + 1] = -speedR * x;//速度y成分
        vel[3 * k + 2] = 0.0;//未使用
        speed = speedR * sqrt(x*x + y*y);
        if(speed > maxSpeed) maxSpeed = speed;
        }
        else//直進走行
        {
        vel[3 * k]     = velocity.x;//速度x成分
        vel[3 * k + 1] = velocity.y;//速度y成分
        vel[3 * k + 2] = 0.0;//未使用
        }
    }
    setTexturePhi();
    setFramebufferPhi();
    setTextureVel();
    setFramebufferVel();

    elapseTime1 = 0.0;//1sec間以内の経過時間
    elapseTime2 = 0.0;//start後の総経過時間
}
```

リスト3.4 「GP_AdvDiffusion」の「simulation.frag」

```
#extension GL_ARB_texture_rectangle: enable
uniform sampler2DRect samplerPhi;
uniform sampler2DRect samplerVel;
uniform int texWidth;//全格子数
uniform float size0;//実際の辺の長さ(ダミーを含まず)
uniform float deltaT;
uniform float diff_num;
uniform int boundary;

varying vec2 texPos;
int texHeight = texWidth;
vec2 delta;
void methodCIP(inout vec4 phi);

void main(void)
{
    int nMesh = texWidth - 1;//有効領域の分割数(格子数)

    delta.x = size0 / float(nMesh);
    delta.y = delta.x;

    vec4 phi = texture2DRect(samplerPhi, texPos);//注目点の物理量
```

3.3 移流拡散方程式

```
int im, ip, jm, jp;
float phi_mi, phi_pi, phi_mj, phi_pj;//隣接格子点の物理量

int i = int(texPos.x);
int j = int(texPos.y);
im = i-1; ip = i+1; jm = j-1; jp = j+1;//注目点の上下左右の格子点

phi_mi = texture2DRect(samplerPhi, texPos + vec2(-1.0, 0.0)).r;
phi_pi = texture2DRect(samplerPhi, texPos + vec2( 1.0, 0.0)).r;
phi_mj = texture2DRect(samplerPhi, texPos + vec2( 0.0,-1.0)).r;
phi_pj = texture2DRect(samplerPhi, texPos + vec2( 0.0, 1.0)).r;

if(i > 0 && i < texWidth-1 && j > 0 && j < texHeight-1)
{
  if(boundary == 0)//Direchlet
  {
    if(im == 0) phi_mi = 0.0;
    if(ip == texWidth-1) phi_pi = 0.0;
    if(jm == 0) phi_mj = 0.0;
    if(jp == texHeight-1) phi_pj = 0.0;
  }
  else if(boundary == 1)//Neumann
  {
    if(im == 0) phi_mi = texture2DRect(samplerPhi, texPos).r;
    if(ip == texWidth-1)  phi_pi = texture2DRect(samplerPhi, texPos).r;
    if(jm == 0) phi_mj = texture2DRect(samplerPhi, texPos).r;
    if(jp == texHeight-1) phi_pj = texture2DRect(samplerPhi, texPos).r;
  }

  methodCIP(phi);

  //拡散
  phi.r += diff_num * (phi_mi + phi_pi + phi_mj + phi_pj - 4.0 * phi.r);
}
else//注目点が境界
{
  if(boundary == 0)//Dirichlet
    phi.r = 0.0;
  else if(boundary == 1)//Neumann
  {
    if(i == 0) phi.r = texture2DRect(samplerPhi, texPos + vec2( 1.0, 0.0)).r;
    if(i == texWidth-1) phi.r = texture2DRect(samplerPhi, texPos + vec2(-1.0, 0.0)).r;
    if(j == 0) phi.r = texture2DRect(samplerPhi, texPos + vec2(0.0, 1.0)).r;
    if(j == texHeight-1) phi.r = texture2DRect(samplerPhi, texPos + vec2(0.0,-1.0)).r;
```

第3章 「時間発展」問題
Time-Evolution Problems

```
    }
  }
  gl_FragColor = phi;
}

void methodCIP(inout vec4 phi)
{
  float c11, c12, c21, c02, c30, c20, c03, a, b, sx, sy, x, y,
dx, dy;
  float f, gx, gy, fip, fjp, gxip, gxjp, gyip, gyjp, fpp;
  float ip, jp;

  vec2 velocity = texture2DRect( samplerVel, texPos ).rg;

  f = phi.r; gx = phi.g; gy = phi.b;

  if(velocity.r > 0.0) sx = 1.0; else sx = -1.0;
  if(velocity.g > 0.0) sy = 1.0; else sy = -1.0;

  ip = - sx;
  jp = - sy;
  //微小移動分
  x = - velocity.r * deltaT;
  y = - velocity.g * deltaT;
  dx =   sx * delta.x;
  dy =   sy * delta.y;
  //上流点の物理量
  vec4 phi_ip = texture2DRect( samplerPhi, texPos + vec2(ip,
0.0) );
  vec4 phi_jp = texture2DRect( samplerPhi, texPos + vec2(0.0,
jp) );
  vec4 phi_pp = texture2DRect( samplerPhi, texPos + vec2(ip,
jp) );
  fip = phi_ip.r; fjp = phi_jp.r; fpp = phi_pp.r;
  gxip = phi_ip.g; gxjp = phi_jp.g;
  gyip = phi_ip.b; gyjp = phi_jp.b;

  //係数
  c30 = ((gxip + gx) * dx - 2.0 * (f - fip)) / (dx*dx*dx);
  c20 = (3.0 * (fip - f) + (gxip + 2.0 * gx) * dx) / (dx * dx);
  c03 = ((gyjp + gy) * dy - 2.0 * (f - fjp)) / (dy*dy*dy);
  c02 = (3.0 * (fjp - f) + (gyjp + 2.0 * gy) * dy) / (dy * dy);
  a = f - fjp - fip + fpp;
  b = gyip - gy;
  c12 = (-a - b * dy) / (dx * dy * dy);
  c21 = (-a - (gxjp - gx) * dx) / (dx*dx*dy);
  c11 = - b / dx + c21 * dx;

  //更新
  phi.r += ((c30 * x + c21 * y + c20) * x + c11 * y + gx) * x
+ ((c03 * y + c12 * x + c02) * y + gy) * y;
  phi.g += (3.0 * c30 * x + 2.0 * (c21 * y + c20)) * x + (c12
* y + c11) * y;
```

```
  phi.b += (3.0 * c03 * y + 2.0 * (c12 * x + c02)) * y + (c21
* x + c11) * x;

  //非移流項
  float velocityPX = texture2DRect( samplerVel, texPos + vec2(
1.0, 0.0) ).r;
  float velocityMX = texture2DRect( samplerVel, texPos + vec2(-
1.0, 0.0) ).r;
  float velocityPY = texture2DRect( samplerVel, texPos + vec2(
0.0, 1.0) ).g;
  float velocityMY = texture2DRect( samplerVel, texPos + vec2(
0.0,-1.0) ).g;
  phi.r += -f * deltaT * ((velocityPX - velocityMX) / abs(dx)
+ (velocityPY - velocityMY) / abs(dy));

  if(phi.r > 1.0) phi.r = 1.0;
  if(phi.r < 0.0) phi.r = 0.0;
}
```

3.4 GPGPUプロジェクトの構成

「GPU」はもともと、高機能の「グラフィックス処理」や「画像処理」を高速に処理できるように開発された、「並列処理型」の「プロセッサ」です。

「GPU」の高速性に注目し、「グラフィックス」以外の「汎用的」な目的で利用する技術を「GPGPU」と言います。

「GPU」には「頂点プロセッサ」と「フラグメント・プロセッサ」があります。
それぞれ、「頂点シェーダ」と「フラグメント・シェーダ」を実行する「ハード・ユニット」です。

本節では、プロジェクト「GP_Diffusion2D」を例に、「GPGPU」の構成法を説明します。

3.4.1 GPGPUの準備

「GPGPU」技術を利用するには、さまざまな手続きが必要です。

(1) GLSLを利用する手続き

「GPU」を利用するには、「シェーダ言語」が必要です。
本書では、「OpenGL」と相性のいい「GLSL」を用いています。
「GLSL」を「OpenGL」に組み込んで利用するには、次のような「API」を用いた複雑な手続きが必要です。

第3章 「時間発展」問題
Time-Evolution Problems

① 「glCreateShader()」によって、「シェーダ・オブジェクト」を作成する。
② 「glShaderSource()」によって、「シェーダ・オブジェクト」と「シェーダのソース・コード」を関連付ける。
③ 「glCompileShader()」によって、「シェーダ・オブジェクト」の「ソース・コード」を、コンパイル。
④ 「glGetShaderiv()」によって、「コンパイル」が成功したことを確認。
⑤ 「glCreateProgram()」によって、「シェーダ・プログラム」を作成。
⑥ 「glAttachShader()」によって、「シェーダ・オブジェクト」と「シェーダ・プログラム」を関連付ける。
⑦ 「glLinkProgram()」によって、「シェーダ・プログラム」をリンク。
⑧ 「glGetProgramiv()」によって、「リンク」が成功したことを確認。
⑨ 「glUseProgram()」で「シェーダ・プログラム」を利用できるようにする。

　本書では、このような手続き処理を「ブラックボックス化」して、「myGLSL.h」に実装しておき、「initGlsl()関数」をコールするだけで利用できるようにしてあります。

　「GP_Diffusion2D」では、「数値解析」用の「頂点シェーダ」のファイル名として「simulation.vert」を使い、「フラグメント・シェーダ」としては「simulation.frag」を使っています。
　このようなとき、「CPU側」の「main()ルーチン」において、
```
initGlsl(&shader1, "simulation.vert", "simulation.frag");
```
のようにコーディングします。
　「shader1」が「シェーダ・プログラム名」で、「simulation.vert」および「simulation.frag」が「シェーダ・オブジェクト」に関連付けられる「シェーダ言語」で書かれた「ソース・ファイル名」です。
　なお、このプロジェクトでは、「ソース・ファイル名」が「rendering.vert」および「rendering.frag」の「シェーダ・オブジェクト」に関連付けられた「シェーダ・プログラム」(shader2)も使います。
　これは、通常の「グラフィックス処理」のための「シェーダ・プログラム」です。
　ただし、「陰影処理」は省いています。

(2)「物理量」配列の作成

　「テクスチャ画像」の個々の値は、「**テクセル**」と呼ばれます。
　「GPGPU」では、「速度」や「位置座標」などの膨大な「物理量」を、「テクセル」と見なすことによって、「CPU」から「GPU」側に転送します。

3.4 GPGPUプロジェクトの構成

「テクセル」は、「R,G,B,A」の「色情報」および「透明度情報」の4個の値をもたせることができます。

たとえば、「位置座標」の「x,y,z」成分をそれぞれ「R,G,B」チャンネルに割り当てることができます。

「GP_Diffusion2D」では、各「格子点」の「x,y」座標は固定されており、「物理量」(「温度」あるいは「濃度」など)として、「1テクセル」当たり「1個の物理量」ですみます。

「CPU側」のソース・コードの「initData()ルーチン」では、この「物理量テクセル」を格納する「1次元配列」(phi[])を動的に宣言して、初期化しています。

(3)「テクスチャ」の定義

「テクセル」として作られた「物理量」を、「GPU側」の「テクスチャ・メモリ」に転送するには、前もって「配列」(phi[])を、次のように「2次元テクスチャ」として定義します。

```
glTexImage2D(target, 0, internalFormat, texWidth, texHeight,
0, format, type, phi);
```

*

通常の「2次元テクスチャ」に対する「target」は、「GL_TEXTURE_2D」です。
その場合、「テクスチャ座標」は[0,1]に固定されます。
「GL_TEXTURE_RECTANGLE_ARB」を利用すれば、「2次元格子番号」で「物理量テクセル」に直接アクセスできるようになります。

「テクスチャ値」(物理量)として、「32bit」の「浮動小数点」(float型)を使うので、「internalFormat」として「GL_RGBA32F_ARB」を使います。
「1テクセル」当たり「1個の物理量」を割り当てているので、「formatパラメータ」に、「GL_RED」を使います。
「3チャンネル」または「4チャンネル」を使うときは、それぞれ「GL_RGB」「GL_RGBA」です。
「typeパラメータ」には「GL_FLOAT」を使います。
これらは、「外部変数宣言領域」で定義してあります。

「2次元テクスチャ」として定義された「物理量配列」(phi[])を、「テクスチャ・オブジェクト」(texID[0])と結合させるには、「glBindTexture()コマンド」を使います。
以上の操作を、「setTexturePhi()ルーチン」に「コーディング」しています。

第3章 「時間発展」問題
Time-Evolution Problems

(4)「テクスチャ・オブジェクト」と「フレームバッファ・オブジェクト」の結合

「物理量」の計算は、「フラグメント・シェーダ」で行ないますが、その計算結果を「物理量」と同じ「テクスチャ・メモリ」に書き込むために、「glFramebufferTexture2DEXT()コマンド」で、「テクスチャ・オブジェクト」と「フレームバッファ・オブジェクト」を結合します。

「setFramebufferPhi()ルーチン」に「コーディング」しています。

リスト3.5に「initData()」「setTexturePhi()」「setFramebufferPhi()」の各「ルーチン」を示します。

リスト3.5 「gpDiffusion2D.cpp」の「initData()、setTextrePhi()、setFramebufferPhi()ルーチン」

```cpp
void initData()
{
  flagFreeze = 0;
  flagStep = false;

  rect.delta.x = rect.size.x / (float)rect.nMesh;
  rect.delta.y = rect.size.y / (float)rect.nMesh;

  //物理量テクセルサイズ
  texWidth  = rect.nMesh + 1;//座標テクスチャの横サイズ
  texHeight = texWidth;       //座標テクスチャの縦サイズ
  //物理量配列の宣言
  phi = (float*)malloc(texWidth * texHeight * sizeof(float));

  int i, j, k;
  float x, y, r;

  for(j = 0; j < texHeight; j++)
  for(i = 0; i < texWidth; i++)
  {
    k = i + j * texWidth;
    //矩形中心からの距離
    x = (float)(i - texWidth / 2) * rect.delta.x ;
    y = (float)(j - texHeight / 2) * rect.delta.y;
    if(profile == 0)//Cylinder
    {
      r = sqrt(x * x + y * y);
      if(r < radiusInit) phi[k] = 1.0;//物理量
      else phi[k] = 0.0;
    }
    else//Cube
    {
      if(fabs(x) < radiusInit && fabs(y) < radiusInit) phi[k] = 1.0;
      else phi[k] = 0.0;
    }
  }
  setTexturePhi();
  setFramebufferPhi();
```

3.4 GPGPUプロジェクトの構成

```
  elapseTime1 = 0.0;//1sec間以内の経過時間
  elapseTime2 = 0.0;//start後の総経過時間
}

void setTexturePhi()
{
  glBindTexture(target, texID[0]);
  //ピクセル格納モード
  glPixelStorei(GL_UNPACK_ALIGNMENT, 1);
  //テクスチャの割り当て
  glTexImage2D(target, 0, internalFormat, texWidth, texHeight,
0, format, type, phi);
  //テクスチャを拡大・縮小する方法の指定
  glTexParameteri(target,GL_TEXTURE_MAG_FILTER,GL_NEAREST);
  glTexParameteri(target,GL_TEXTURE_MIN_FILTER,GL_NEAREST);
  glBindTexture(target, 0);
}

void setFramebufferPhi()
{
  glBindFramebufferEXT( GL_FRAMEBUFFER_EXT, fbo[0] );
  //textureをframebuffer objectに結びつける
  glFramebufferTexture2DEXT( GL_FRAMEBUFFER_EXT, GL_COLOR_ATT
ACHMENT0_EXT, target, texID[0], 0 );
  //framebuffer object の無効化
  glBindFramebufferEXT( GL_FRAMEBUFFER_EXT, 0 );
}
```

3.4.2 「物理量」更新のための「CPUプログラム」

「CPU側」の「display()」では、各タイム・ステップで「物理量の更新」と「レンダリングのルーチン」をコールしています。

「CPU側」の「物理量更新ルーチン」(renewPhi())において、「物理量テクセル」や「数値計算」に必要な「パラメータ」を、「GPU側」へ渡すためのプログラムを、「コーディング」しています。

リスト3.6に示します。

リスト3.6 「gpDiffusion2D.cpp」の「renewPhi()ルーチン」

```
void renewPhi(float diff_num)
{
  //framebuffer object0を有効化
  glBindFramebufferEXT( GL_FRAMEBUFFER_EXT, fbo[0] );
  glActiveTexture(GL_TEXTURE0);
  glBindTexture(target, texID[0]);//phi[]
  //シェーダ・プログラムを有効
  glUseProgram(shader1);
```

第3章 「時間発展」問題
Time-Evolution Problems

```
GLint samplerPhiLoc = glGetUniformLocation(shader1, "samplerPhi");
glUniform1i(samplerPhiLoc, 0);//GL_TEXTURE0を適用
GLint texWidthLoc = glGetUniformLocation(shader1, "texWidth");
glUniform1i(texWidthLoc, texWidth);
GLint diffLoc = glGetUniformLocation(shader1, "diff_num");
glUniform1f(diffLoc, diff_num);
GLint sizeLoc = glGetUniformLocation(shader1, "size0");
glUniform1f(sizeLoc, rect.size.x);
GLint boundaryLoc = glGetUniformLocation(shader1, "boundary");
glUniform1i(boundaryLoc, boundary);

drawNumberingPoints();//数値解析用テクセルを貼り付けるオブジェクト

// シェーダ・プログラムの解除
glUseProgram(0);
glReadPixels(0, 0, texWidth, texHeight, format, type, phi);
glBindTexture(target, 0);
//framebuffer objectの無効化
glBindFramebufferEXT( GL_FRAMEBUFFER_EXT, 0 );

if(flagConstant)
{
  int i, j, k;
  float x, y, r;
  for(j = 0; j < texHeight; j++)
    for(i = 0; i < texWidth; i++)
    {
      k = i + j * texWidth;
      //矩形中心からの距離
      x = (float)(i - texWidth / 2) * rect.delta.x ;
      y = (float)(j - texHeight / 2) * rect.delta.y;
      if(profile == 0)//Cylinder
      {
        r = sqrt(x * x + y * y);
        if(r < radiusInit) phi[k] = 1.0;//物理量
      }
      else//Cube
      {
        if(fabs(x) < radiusInit && fabs(y) < radiusInit) phi[k] = 1.0;
      }
    }
  setTexturePhi();
  setFramebufferPhi();
}
```

最初に,「glBindFramebufferEXT()コマンド」で「フレームバッファ・オブジェクト」(fbo[0])を有効にします。

「glActiveTexture()コマンド」と「glBindTexture()コマンド」によって,「テクスチャ・ユニット(GL_TEXTURE0)」と「テクスチャ・オブジェクト(txtID[0])」(すなわち物理量配列「phi[]」)を結合します。

3.4 GPGPUプロジェクトの構成

「glUseProgram()コマンド」によって、「シェーダ・プログラム」(shader1)を有効にします。

「glGetUniformLocation()コマンド」と「glUniform*()コマンド」によって、「CPU側」の「パラメータ」を「GPU側」に転送します。

"samplerPhi"は、「シェーダ側」で「物理量」(phi[])をサンプリングするための、「サンプラ名」です。

実際の計算は、**3.4.5項**で述べる「GPU側」の「フラグメント・シェーダ」で行なわれます。

その結果を「CPU側」でも利用するときは、「glReadPixels()コマンド」を利用します。

3.4.3 「2次元格子番号平面」のレンダリング

「GP_Diffusion2D」では、「矩形解析領域」を**図3.11**のように「格子分割」し、「格子点」の「物理量」(「温度」「濃度」)を計算しています。

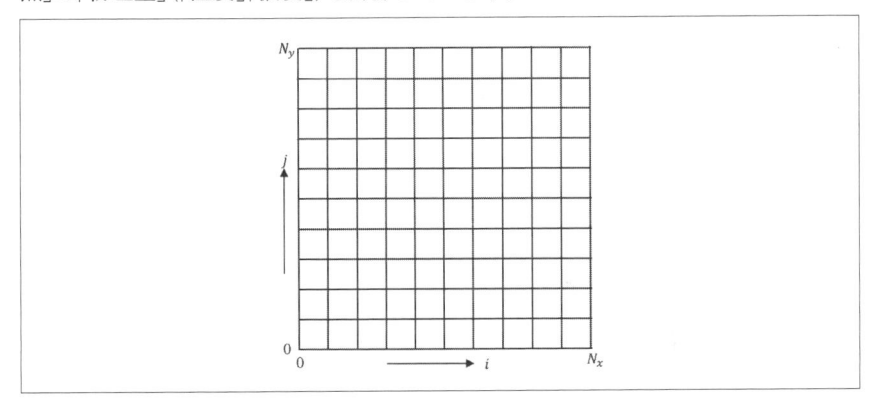

図3.11　2次元格子番号平面

これを、「格子番号平面」と呼ぶことにします。

前項の「renewPhi()ルーチン」において、「物理量テクセル」を「シェーダ側」に渡すために、「2次元格子番号平面」を「仮想的なオブジェクト」と見なし、**リスト3.7**に示す「描画関数」(drawNumberingPoints())をコールしています。

これは「2次元平面」ではなく、「点プリミティブ」を「2次元格子」上に配置する「描画ルーチン」です。

個々の「点プリミティブ」が**図3.11**の「格子頂点」に対応します。

第3章 「時間発展」問題
Time-Evolution Problems

リスト3.7 「gpDiffusion2D.cpp」の「drawNumberingPoints()ルーチン」

```
void drawNumberingPoints()
{
  //ビューポートのサイズ設定
  glViewport(0, 0, texWidth, texHeight);
  glMatrixMode( GL_PROJECTION );
  glLoadIdentity();
  //正投影行列の設定
  gluOrtho2D(0.0, texWidth, 0.0, texHeight);
  glMatrixMode( GL_MODELVIEW );
  glLoadIdentity();
  //物理量をテクスチャとして貼り付けるための仮想オブジェクト
  glBegin(GL_POINTS);
  for(int j = 0; j < texHeight; j++)
    for(int i = 0; i < texWidth; i++)
      glVertex2f((float)i, (float)j);//点座標が次元格子頂点番号
  glEnd();
}
```

3.4.4 計算結果のレンダリング

「物理量」の計算結果は、通常のグラフィックスと同じように、「表示ウィンドウ」に「レンダリング」します。

このプロジェクトの「物理量」は、図3.11の各「格子点」の「温度」または「濃度」などの「物理量」です。

実際の「レンダリング」は、3.4.6項で示す「シェーダ側」のプログラムで行なわれます。
「CPU側」の「rendering()ルーチン」をリスト3.8に示します。
「物理量テクセル」(phi[])と、描画に必要なパラメータを、「シェーダ側」に渡すためのプログラムを、「コーディング」しています。

ここで使っている「描画関数」は、「格子状平面」を描画する「drawGridPlate()」です。
「ワイヤーフレーム表示」のときは、「drawGridLines()」を利用します。
この「平面」は図3.11と同じ「格子状平面」ですが、「シェーダ側」で「格子点」の「高さ」を「物理量」の値に比例させて変更し、「3次元形状」として「レンダリング」しています。

リスト3.8 「gpDiffusion2D.cpp」の「rendering()ルーチン」

```
void rendering()
{
  glUseProgram(shader2);

  glActiveTexture(GL_TEXTURE0);
  glBindTexture(target, texID[0]);//phi[]
```

3.4 GPGPUプロジェクトの構成

```
    GLint samplerPhiLoc = glGetUniformLocation(shader2, "samplerPhi");
    glUniform1i(samplerPhiLoc, 0);//GL_TEXTURE0を適用
    GLint texWidthLoc = glGetUniformLocation(shader2, "texWidth");
    glUniform1i(texWidthLoc, texWidth);
    GLint nMeshLoc = glGetUniformLocation(shader2, "nMesh");
    glUniform1i(nMeshLoc, rect.nMesh);
    GLint sizeLoc = glGetUniformLocation(shader2, "size0");
    glUniform1f(sizeLoc, rect.size.x);
    GLint adjustHLoc = glGetUniformLocation(shader2, "adjustH");
    glUniform1f(adjustHLoc, adjustH);
    GLint colorLoc = glGetUniformLocation(shader2, "color");
    glUniform1i(colorLoc, color);

    if(flagWireframe == 0)
        drawGridPlate((float)rect.nMesh, (float)rect.nMesh, rect.nMesh, rect.nMesh);
    else
        drawGridLines((float)rect.nMesh, (float)rect.nMesh, rect.nMesh, rect.nMesh);

    glUseProgram(0);
}
```

3.4.5 数値計算用「シェーダ・プログラム」

(1) 頂点シェーダ

「数値計算」用の「頂点シェーダ」を、**リスト3.9**に示します。

「頂点シェーダ」では、単に「フラグメント・シェーダ」において、「物理量」にアクセスするための「テクスチャ座標」(texPos)を求めています。

「gl_Vertex.xy」が3.4.3項で説明した「2次元格子」の「頂点番号」に一致しており、「格子点」の位置を表わしています。

リスト3.9 「GP_Diffusion2D」の「simulation.vert」

```
void main(void)
{
    texPos = gl_Vertex.xy;

    gl_Position = ftransform();
}
```

(2) フラグメント・シェーダ

リスト3.10に、「数値計算」用「フラグメント・シェーダ」を示します。

「フラグメント・シェーダ」では「sampler2DRect()」という「テクスチャ・アクセス関数」を用いて、「物理量」(phi)を求めています。

「第1引数」の「samplerPhi」が「CPU側」から渡された「物理量」(phi[])のサンプラ

第3章 「時間発展」問題
Time-Evolution Problems

であり、「第2引数」の「texPos」が「頂点シェーダ」で求めた「テクスチャ座標」です。

「texPos」は「頂点位置」そのものであり、隣の「格子点」の「物理量」を求めるときは、「オフセット値」(たとえば「左側の格子点」であれば「vec2(-1.0, 0.0)」)を加えるだけで、求めることができます。

このプロジェクトでは、「格子点」当たり「1個の物理量」であり、**3.4.1項**(3)で述べたように、「glTexImage2D()コマンド」の「formatパラメータ」として、「GL_RED」を使っているので、「sampler2DRect()」でサンプリングされた値は、「r成分」だけが意味をもちます。

「解析領域」は「正方形」ですが、「物理量」の更新は、**式(3.22)**を用いて計算しています。

リスト3.10　「GP_Diffusion2D」の「simulation.frag」

```
#extension GL_ARB_texture_rectangle: enable
uniform sampler2DRect samplerPhi;
uniform int texWidth;//X方向格子数
uniform float size0;//実際の辺の長さ(ダミーを含まず)
uniform float deltaT;
uniform float diff_num;
uniform int boundary;

varying vec2 texPos;
int texHeight = texWidth;
vec2 delta;

void main(void)
{
  int nMesh = texWidth - 1;//領域の分割数(格子数)

  delta.x = size0 / float(nMesh);
  delta.y = delta.x;

  vec4 phi = texture2DRect(samplerPhi, texPos);//注目点の物理量

  int im, ip, jm, jp;
  float phi_mi, phi_pi, phi_mj, phi_pj;//隣接格子点の物理量

  int i = int(texPos.x);
  int j = int(texPos.y);

  phi_mi = texture2DRect(samplerPhi, texPos + vec2(-1.0, 0.0)).r;
  phi_pi = texture2DRect(samplerPhi, texPos + vec2( 1.0, 0.0)).r;
  phi_mj = texture2DRect(samplerPhi, texPos + vec2( 0.0,-1.0)).r;
  phi_pj = texture2DRect(samplerPhi, texPos + vec2( 0.0, 1.0)).r;

  im = i-1; ip = i+1; jm = j-1; jp = j+1;//注目点の上下左右の格子点
```

```
  if(i > 0 && i < texWidth-1 && j > 0 && j < texHeight-1)
  {//領域内部
    if(boundary == 0)//Dirichlet
    {
      if(im == 0) phi_mi = 0.0;
      if(ip == texWidth-1) phi_pi = 0.0;
      if(jm == 0) phi_mj = 0.0;
      if(jp == texHeight-1) phi_pj = 0.0;
    }
    else if(boundary == 1)//Neumann
    {
      if(im == 0) phi_mi = texture2DRect(samplerPhi, texPos).r;
      if(ip == texWidth-1) phi_pi = texture2DRect(samplerPhi, texPos).r;
      if(jm == 0) phi_mj = texture2DRect(samplerPhi, texPos).r;
      if(jp == texHeight-1) phi_pj = texture2DRect(samplerPhi, texPos).r;
    }

    //拡散
    phi.r += diff_num * (phi_mi + phi_pi + phi_mj + phi_pj - 4.0 * phi.r);
  }
  else//注目点が境界
  {
    if(boundary == 0)//Dirichlet
    phi.r = 0.0;
    else//Neumann
    {
      if(i == 0) phi.r = texture2DRect(samplerPhi, texPos + vec2( 1.0, 0.0)).r;
      if(i == texWidth-1) phi.r = texture2DRect(samplerPhi, texPos + vec2(-1.0, 0.0)).r;
      if(j == 0) phi.r = texture2DRect(samplerPhi, texPos + vec2(0.0, 1.0)).r;
      if(j == texHeight-1) phi.r = texture2DRect(samplerPhi, texPos + vec2(0.0,-1.0)).r;
    }
  }

  gl_FragColor = phi;
}
```

3.4.6 レンダリング用「シェーダ・プログラム」

(1) 頂点シェーダ

3.4.4項で述べたように、「CPU側」では更新された「物理量」(phi[])を、「シェーダ側」に渡し、「レンダリング」をすべて「シェーダ側」に任せています。

第3章 「時間発展」問題
Time-Evolution Problems

「物理量」を「3D表示」するために、「格子状平面」を「描画オブジェクト」として指定し、「頂点シェーダ」において「格子点」の高さを「物理量」(phi.r)に比例して変化させています。

リスト3.11にレンダリング用「頂点シェーダ」を示します。

「CPU側」の「drawGridPlate()関数」で描画される「格子平面オブジェクト」は、その中心が「x, y」座標の原点にあるので、「テクスチャ座標」を(「texWidth/2」「texHeight/2」)だけ移動させ、「0.0」〜「texWidth, texHeight」の範囲になるようにしています。

この「頂点シェーダ」では、「変位マッピング」の手法が使われています。

すなわち、「格子平面オブジェクト」の「格子点の高さ」(gl_Vertex.z)を、「物理量」(phi.r)に比例した値に変更しています。

「gl_Vertex.x」および「gl_Vertex.y」には、「size0/float(nMesh)」を乗ずることで、「格子平面オブジェクト」のサイズを、「解析領域」のサイズに一致させています。

「物理量」(phi.r)を「varying変数」(pp)として、「フラグメント・シェーダ」に渡します。

リスト3.11 「GP_Diffusion2D」の「rendering.vert」

```
#extension GL_ARB_texture_rectangle: enable
uniform sampler2DRect samplerPhi;
uniform int texWidth;//全格子数
uniform int nMesh;
uniform float size0;
uniform float adjustH;

varying float pp;

void main(void)
{
  int texHeight = texWidth;
  //テクスチャ座標の中心を移動
  vec2 texPos = gl_Vertex.xy + vec2(float(texWidth/2), float(texHeight/2));

  vec4 phi = texture2DRect(samplerPhi, texPos);
  pp = phi.r;//物理量

  //1辺の長さをsize0に変換
  gl_Vertex.x *= size0 / float(nMesh);
  gl_Vertex.y *= size0 / float(nMesh);
  gl_Vertex.z = phi.r * adjustH;//物理量
```

```
    gl_Position = ftransform();
}
```

(2) フラグメント・シェーダ

「頂点シェーダ」から渡された「物理量」(pp)の値に応じて、「フラグメント・シェーダ」では、「フラグメントの色」(R,G,B)の値を求めています。

＊

リスト3.12に「フラグメント・シェーダ」を示します。

「GLUIウィンドウ」の「[Display]パネル」において、[Color1]を選択すると、「連続表示」(正確には256階調)となり、[Color2]を選択すると、「段階表示」(11階調)になります。

「pp=0」では「青(R=0,G=0,B=1)」、「pp=1」では「赤(R=1,G=0,B=0)」、「pp=0.5」では「緑(R=0,G=1.0,B=0.0)」となるように計算しています。

リスト3.12　「GP_Diffusion2D」の「rendering.frag」

```
uniform int color;

varying float pp;

vec3 getColor1();
vec3 getColor2();

void main(void)
{
  vec4 col;

  if(color == 0) col.rgb = getColor1();//連続表示
  else if(color == 1) col.rgb = getColor2();//段階表示
  col.a = 1.0;

  gl_FragColor = col;
}

vec3 getColor1()
{
  vec3 col;
  if(pp < 0.5)
  {
    col.r = 0.0; col.g = 2.0 * pp; col.b = 1.0 - 2.0 * pp;
  }
  else
  {
    col.r = 2.0 * pp - 1.0; col.g = 2.0 * (1.0 - pp); col.b = 0.0;
  }
```

第3章 「時間発展」問題
Time-Evolution Problems

```
    return col;
}

vec3 getColor2()
{
    vec3 col;
    if(pp <= 0.01)
    {
        col.r = 0.0; col.g = 0.0; col.b = 1.0;
    }
    else if(pp <= 0.1)
    {
        col.r = 0.0; col.g = 0.2; col.b = 0.8;
    }
    else if(pp <= 0.2)
    {
        col.r = 0.0; col.g = 0.4; col.b = 0.6;
    }
    else if(pp <= 0.3)
    {
        col.r = 0.0; col.g = 0.6; col.b = 0.4;
    }
    else if(pp <= 0.4)
    {
        col.r = 0.0; col.g = 0.8; col.b = 0.2;
    }
    else if(pp <= 0.5)
    {
        col.r = 0.0; col.g = 1.0; col.b = 0.0;
    }
    else if(pp <= 0.6)
    {
        col.r = 0.2; col.g = 0.8; col.b = 0.0;
    }
    else if(pp <= 0.7)
    {
        col.r = 0.4; col.g = 0.6; col.b = 0.0;
    }
    else if(pp <= 0.8)
    {
        col.r = 0.6; col.g = 0.4; col.b = 0.0;
    }
    else if(pp <= 0.9)
    {
        col.r = 0.8; col.g = 0.2; col.b = 0.0;
    }
    else
    {
        col.r = 1.0; col.g = 0.0; col.b = 0.0;
    }

    return col;
}
```

第4章

「流れ関数-渦度法」

Stream Function-Vorticity Method

「粘性」を考慮した「流れ」は「ナビエ＝ストークスの方程式」で解くことができます。
　その解き方には、「流れ関数-渦度法」と「速度-圧力法」に大別されます。
　本章では、そのうち「流れ関数-渦度法」による解法を示します。

本章で作るプロジェクト

- 「平行平板ダクト」に「角柱障害物」があるときの「流れ」
- 「キャビティ」流れ
- 「内部流」としての「円柱まわり」の「流れ」
- 「外部流」としての「円柱まわり」の「流れ」

第4章 「流れ関数-渦度法」
Stream Function-Vorticity Method

4.1 ナビエ=ストークスの方程式

「粘性」を考慮しないときの「流れ」は、「オイラーの運動方程式」で表わされます。
「粘性」を考慮したときは、「ナビエ=ストークスの方程式」が利用されます。

4.1.1 ラグランジュ微分

「流れ」の運動を考えるとき、「物理量」(「速度」「温度」「濃度」など)は、「時間」だけでなく「空間座標」によっても変化していることを考慮する必要があります。

このようなとき、「物理量」($A = A(t, x, y, z)$)の「微小変化」(δA)は、「テーラー展開」の「高次成分」を無視すると、

$$\delta A = \frac{\partial A}{\partial t}\delta t + \frac{\partial A}{\partial x}\delta x + \frac{\partial A}{\partial y}\delta y + \frac{\partial A}{\partial z}\delta z \tag{4.1}$$

で表現できます。いま、

$$\frac{DA}{Dt} = \lim_{\delta t \to 0} \frac{\delta A}{\delta t} \tag{4.2}$$

のように定義すると、次式が得られます。

$$\frac{DA}{Dt} = \frac{\partial A}{\partial t} + u\frac{\partial A}{\partial x} + v\frac{\partial A}{\partial y} + w\frac{\partial A}{\partial z} \tag{4.3}$$

ここで、

$$u = \lim_{\delta t \to 0}\frac{\delta x}{\delta t}, \quad v = \lim_{\delta t \to 0}\frac{\delta y}{\delta t}, \quad w = \lim_{\delta t \to 0}\frac{\delta z}{\delta t} \tag{4.4}$$

は、「流れの速度」(v)の「x, y, z」成分です。

式(4.3)の第2項以降を「ベクトル形式」で示すと、

$$\frac{DA}{Dt} = \frac{\partial A}{\partial t} + (v \cdot \nabla)A \tag{4.5}$$

となります。

$$\frac{D}{Dt} = \frac{\partial}{\partial t} + v \cdot \nabla \tag{4.6}$$

は、「**ラグランジュ微分**」あるいは「**実質微分**」と呼ばれます。

これに対し、通常の「偏微分」($\partial / \partial t$)は「オイラー微分」と呼ばれます。

4.1.2 オイラーの運動方程式

「流れ」の運動は、図4.1の示すような「微小ユニット」で考えることができます。「立方体」のサイズを「$\Delta x, \Delta y, \Delta z$」とします。

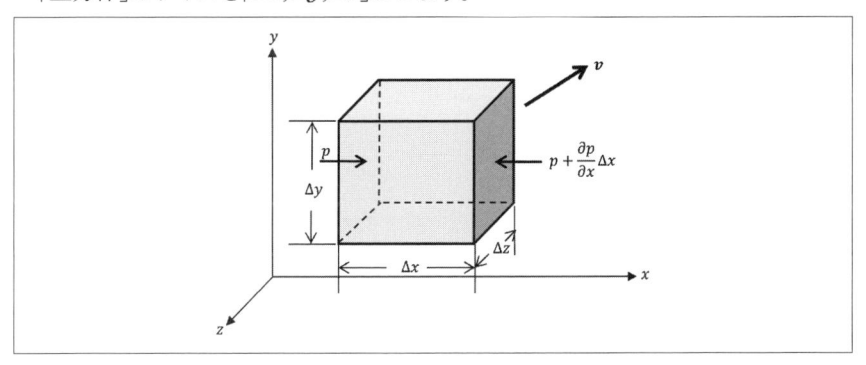

図4.1 微小ユニット

「圧力」(p)が左右の「x方向」断面において異なるとき、「x方向」の力「F_x」は、

$$F_x = p\Delta y \Delta z - \left(p + \frac{\partial p}{\partial x}\Delta x\right)\Delta y \Delta z + mf_x$$
$$= -\frac{\partial p}{\partial x}\Delta x \Delta y \Delta z + mf_x \tag{4.7}$$

で与えられます。

ここで、「m」は「微小ユニットの質量」であり、「流体の密度」を「ρ」とすると、

$$m = \rho \Delta x \Delta y \Delta z \tag{4.8}$$

です。

「f_x」は、「重力」などによる「単位質量あたりの外力」です。

式(4.7)を3次元に拡張し、「ベクトル」で示すと、

$$\boldsymbol{F} = -(\nabla p)\Delta x \Delta y \Delta z + m\boldsymbol{f} \tag{4.9}$$

となります。

「速度」($\boldsymbol{v}$)でこの「微小ユニット」が移動しているときの「加速度」は、「ラグラン

第4章 「流れ関数-渦度法」
Stream Function-Vorticity Method

ジュ微分」を用いて、

$$\frac{Dv}{Dt} = \frac{\partial v}{\partial t} + (v \cdot \nabla)v \tag{4.10}$$

となります。

この「微小ユニット」に対し、「ニュートンの第2法則」(運動の法則)、

$$ma = F \tag{4.11}$$

を適用してみます。
ただし、「加速度」(a)を式(4.10)の右辺で置き換えます。
すると、式(4.9)は式(4.8)を用いて、

$$\frac{\partial v}{\partial t} + (v \cdot \nabla)v = -\frac{1}{\rho}\nabla p + f \tag{4.12}$$

となります。
「粘性」の影響を考慮しないこの「運動方程式」は、「**オイラーの運動方程式**」と呼ばれます。
「オイラーの運動方程式」は、「理想流体」(完全流体)に対する「運動方程式」です。

4.1.3 ナビエ=ストークスの方程式

実際の「流体」は、「粘性」をもちます。
「粘性」によって、「微小ユニット」には「せん断応力」や「垂直応力」が作用し、非常に複雑になります。
「密度」(ρ)で一定の「非圧縮性流体」に対して結果だけ示すと、「運動方程式」は、

$$\frac{\partial v}{\partial t} + (v \cdot \nabla)v = -\frac{1}{\rho}\nabla p + \frac{\mu}{\rho}\nabla^2 v + f \tag{4.13}$$

となります。
これが「ナビエ=ストークスの方程式」(Navier-Stokes equation)です。

この式の「左辺」は「**慣性項**」と呼ばれ、第1項は「**時間微分項**」、第2項は「**移流項**」です。
「右辺」の第1項は「**圧力項**」と呼ばれ、第2項は「**粘性項**」、第3項は「**外力項**」と呼ばれます。

4.1 ナビエ＝ストークスの方程式

「外力項」を無視できるときは、

$$\frac{\partial \boldsymbol{v}}{\partial t} + (\boldsymbol{v} \cdot \nabla) \boldsymbol{v} = -\frac{1}{\rho} \nabla p + \nu \nabla^2 \boldsymbol{v} \tag{4.14}$$

となります。ここで、

$$\nu = \frac{\mu}{\rho} \tag{4.15}$$

は「**動粘性抵抗**」と呼ばれます。

「ナビエ＝ストークスの方程式」において、左辺の「$(\boldsymbol{v} \cdot \nabla)\boldsymbol{v}$」は「非線形項」と呼ばれ、「速度」が小さいときはこれを無視できます。
このような流れを、「**ストークス流れ**」と言います。

4.1.4 無次元化

「ナビエ＝ストークスの方程式」は、次式のように、しばしば「無次元化」した形で使われます。

$$\frac{\partial \boldsymbol{v}}{\partial t} + (\boldsymbol{v} \cdot \nabla) \boldsymbol{v} = -\nabla p + \frac{1}{Re} \nabla^2 \boldsymbol{v} \tag{4.16}$$

ここで、「Re」は「レイノルズ数」と呼ばれ、次式で与えられる「無次元数」です。

$$Re = \frac{UL}{\nu} = \frac{\rho UL}{\mu} \tag{4.17}$$

ここで、「U」は「流れの代表的な速度」（「流入速度」や「一定速度」）、「L」は「代表的な長さ」（「管内流れ」では「管の直径」、「円柱周り流れ」では「円柱の直径」）です。

「レイノルズ数」を用いた「ナビエ＝ストークスの方程式」(4.16)の「物理量」は、すべて「無次元化」されています。
すなわち、実際の「物理量」に「ハット」を付けて表わすと、「空間座標」と「速度」はそれぞれ、

$$(\hat{x}, \hat{y}, \hat{z}) = (Lx, Ly, Lz) 、 (\hat{u}, \hat{v}, \hat{w}) = (Uu, Uv, Uw)$$

という関係になります。

第4章 「流れ関数 - 渦度法」
Stream Function-Vorticity Method

「時間」と「圧力」に対しては、

$$\hat{t} = (L/U)t, \quad \hat{p} = \rho U^2 p$$

です。

これらの代表的な「速度」と「長さ」を用いると、式(4.14)の「慣性項」と「粘性項」の比は、「レイノルズ数」に一致します。

$$\frac{慣性項}{粘性項} = \frac{U^2/L}{\nu(U/L^2)} = \frac{UL}{\nu} = Re \tag{4.18}$$

「Re」の「大きい流れ」は、「粘性」の「小さな流れ」であり、「乱流」が発生しやすくなります。

逆に、「Re」の「小さい流れ」は、「粘性」の影響が強く、「層流」になります。

「非圧縮性流れ」では、「レイノルズ数」が同じであれば、「大きさ」「速度」「密度」「粘性率」が異なっていても、同じような「流れ」になります。

これを、「レイノルズ数の相似則」と言います。

4.2 「流れ関数 - 渦度法」

「ナビエ＝ストークスの方程式」の解き方は、「流れ関数 - 渦度法」と「速度 - 圧力法」に大別されます。

本章では、前者の解法を用いて、「粘性」を考慮した「流れ」を解きます。

4.2.1 「渦度」輸送方程式

「非圧縮性流体」に対して、「粘性」を考慮した「流れ」を解くための「支配方程式」は、式(4.16)の「ナビエ＝ストークスの方程式」と、1章でも述べた「連続の式」、

$$\nabla \cdot \boldsymbol{v} = 0 \tag{4.19}$$

です。

「流れ関数 - 渦度法」は1.4.2項で述べたように、「流れ関数」(ψ)、

$$u = \frac{\partial \psi}{\partial y}, \quad v = -\frac{\partial \psi}{\partial x} \tag{4.20}$$

を導入すると、式(4.19)の「連続の方程式」を自動的に満たします。

「流れ関数 - 渦度法」は、「2次元問題」に限定されますが、「連続の式」を完全に満た

し、「差分法」でよく用いられます。

式(4.16)を「x成分」および「y成分」で示すと、

$$\frac{\partial u}{\partial t}+u\frac{\partial u}{\partial x}+v\frac{\partial u}{\partial y}=-\frac{\partial p}{\partial x}+\frac{1}{Re}\left(\frac{\partial^2 u}{\partial x^2}+\frac{\partial^2 u}{\partial y^2}\right) \tag{4.21}$$

$$\frac{\partial v}{\partial t}+u\frac{\partial v}{\partial x}+v\frac{\partial v}{\partial y}=-\frac{\partial p}{\partial y}+\frac{1}{Re}\left(\frac{\partial^2 v}{\partial x^2}+\frac{\partial^2 v}{\partial y^2}\right) \tag{4.22}$$

となります。

式(4.21)を「y」で微分し、式(4.22)を「x」で微分して、差を取ると、「圧力項」はなくなって、

$$\frac{\partial \omega}{\partial t}+u\frac{\partial \omega}{\partial x}+v\frac{\partial \omega}{\partial y}=\frac{1}{Re}\left(\frac{\partial^2 \omega}{\partial x^2}+\frac{\partial^2 \omega}{\partial y^2}\right) \tag{4.23}$$

を得ます。ただし、

$$\omega=\frac{\partial v}{\partial x}-\frac{\partial u}{\partial y} \tag{4.24}$$

です。

これは、「$\nabla\times v$」の「z成分」であり、1.1.3項で述べた「渦度」です。

式(4.23)は、「渦度輸送方程式」と呼ばれます。

4.2.2 「流れ関数」に対する「ポアソンの方程式」

式(4.24)に式(4.20)を代入すると、

$$\frac{\partial^2 \psi}{\partial x^2}+\frac{\partial^2 \psi}{\partial y^2}=-\omega \tag{4.25}$$

を得ます。

これは、「流れ関数」を「未知関数」とする、「ポアソンの方程式」になります。

4.2.3 計算手順

「流れ関数-渦度法」の「未知関数」は、「流れ関数」(ψ)と「渦度」(ω)です。

まず、ある「時間ステップ」の「渦度」を用いて、式(4.25)の「ポアソンの方程式」を解き、新しい「流れ関数」を求めます。

更新された「流れ関数」に対して、新しい「速度」を式(4.20)によって求め、その更新

第4章 「流れ関数-渦度法」
Stream Function-Vorticity Method

された「速度」を、式(4.23)の「渦度方程式」に利用し、次の「時間ステップ」の「渦度」を計算します。

この「計算ループ」を、図4.2に示します。

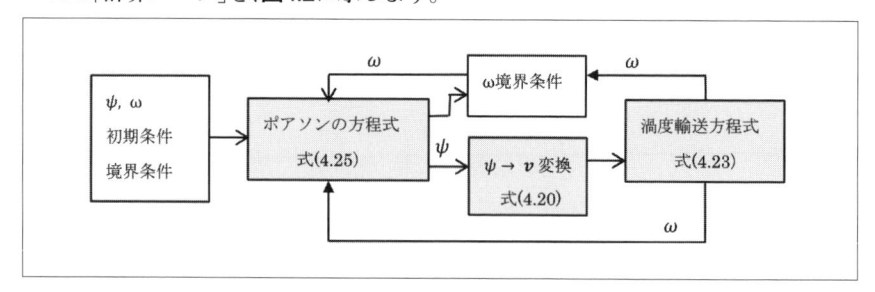

図4.2 流れ関数-渦度法の計算ループ

なお、最初に「渦度方程式」から始めても、同じ結果を得ます。

「流出口」にも「基本境界条件」を使えば、「流れ関数」の「境界条件」は、最初に一度与えておけばいいでしょう。

「$1/Re$」を「拡散係数」と考えると、式(4.23)の「渦度方程式」は、3章で述べた「移流拡散方程式」に一致します。

本章のプロジェクトでは、「移流項」の計算には「CIP法」を利用し、「粘性項」には「中央差分」を用いています。

「ポアソンの方程式」は、2章の2.3節で述べた方法で解いています。

4.2.4 境界条件

「流れ関数-渦度法」を解くには、「流れ関数」と「渦度」に対して、図4.2に示したように「境界条件」が必要です。

(1)「流れ関数」の境界条件

1章の1.4.3項で述べたように、「流れ関数」一定の線は「流線」であり、「速度ベクトル」と常に「平行」です。

ですから、「壁面」では「流れ関数」は「一定」とします。

「壁面」に「凹凸」があっても、接続されている「壁面」は同じ値の「流れ関数」を与えることができます。

図4.3のように「流管」(ダクト)内に「障害物」があっても、「壁面」と接触しているならば、「障害物の境界」は、その「壁面」と同じ「流れ関数」を与えることができます。

4.2 「流れ関数-渦度法」

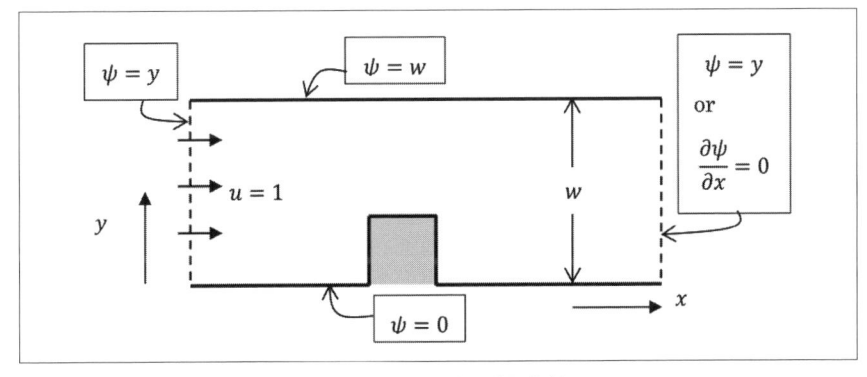

図4.3 流れ関数の境界条件

「流れ関数」は、「微分方程式」には「導関数」の形でしか現われないので、下の壁を「$\psi = 0$」としても一般性を保ちます。

「流れ関数」の定義式のひとつ、「$u = \partial \psi / \partial y$」を利用すると、

$$\psi = \int_0^y u\, dy \tag{4.26}$$

となります。

いま、「流入口」で「$u = 1$」の「一様流れ」を仮定すると、「流入口」では、

$$\psi = y \tag{4.27}$$

となります。

「ダクトの幅」を「w」とすると、「上壁」の「境界条件」は、

$$\psi = w \tag{4.28}$$

となります。

「右端」の「流出口」に対しては、「流入口」と同じ「境界条件」を与えるか、または「$v = 0$」と仮定して、式(4.20)より、

$$\frac{\partial \psi}{\partial x} = 0 \tag{4.29}$$

を与えるようにして解くことができます。

式(4.26)～式(4.28)は、「基本境界条件」(Dirichlet型)と、**式(4.29)**は「自然境界条件」(Neumann型)です。

第4章 「流れ関数-渦度法」
Stream Function-Vorticity Method

どちらを用いても、ほとんど結果は変わらなかったので、本書のプロジェクトでは、「基本境界条件」だけを使っています。

したがって、「境界」の「流れ関数」の値は常に「一定」なので、最初に一度だけ与えるようにします。

(2)「渦度」の「境界条件」

「渦度」の「境界条件」は、「境界表面における流れ関数」「渦度と速度の関係」「ポアソンの方程式」から導かれます。

「流入口」では「速度」は一定なので、式(4.24)の「渦度の定義式」により、「$\omega = 0$」と置くことができます。

「流出口」では、「速度」が分からないことが多いので、正確な「境界条件」を与えることができません。

やはり、「流れ関数」と同じように「$\omega = 0$」と置くか、「$\partial \omega / \partial x = 0$」と置きます。

計算結果を見ると、「流出口」近傍で異なるだけで、「障害物付近の流れ」を調べる目的には、どちらを用いてもよさそうです。

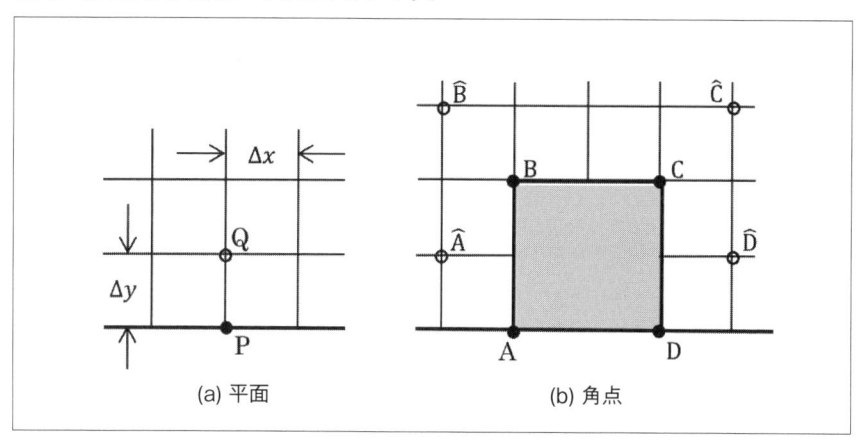

図4.4 渦度の境界条件

*

「壁境界」や「障害物境界」では、次のように求めます。

まず、図4.4(a)のように「格子点」(P)が、平面上に存在する場合です。

「下の壁面」よりひとつ内側の「格子点」(Q)において、「流れ関数」を「テーラー展開」すると、

4.2 「流れ関数-渦度法」

$$\psi_Q = \psi_P + \Delta y \frac{\partial \psi}{\partial y} + \frac{(\Delta y)^2}{2} \frac{\partial^2 \psi}{\partial y^2} \quad (4.30)$$

となります（高次成分を無視している）。

「x方向」に「平らな壁面」上では、「$\partial^2 \psi / \partial^2 x = 0$」なので、式(4.25)の「ポアソンの方程式」により、「$\partial^2 \psi / \partial^2 y = -\omega_p$」となります。

また、上式に代入して、「下の壁面」に対し、

$$\omega_P = \frac{2(\psi_P - \psi_Q + u\Delta y)}{(\Delta y)^2} \quad (4.31)$$

が成立します。

式(4.30)の「右辺」の第2項に対し、「$\partial \psi / \partial y = u$」を用いており、「静止している壁面」のときは「$u = 0$」とします。

このようにして「平坦な壁面」上の「渦度」(ω_P)は、その壁面上の「ψ_P」と「壁面に直交する方向」のひとつ内側の「格子点」の「ψ_Q」によって求めることができます。

結局、「下の壁面」に対しては、

$$\omega_P = -\frac{2\psi_Q}{(\Delta y)^2} \quad (4.32)$$

となります。

同じようにして、「上の壁面」に対しては「$\psi_P = w$」なので、

$$\omega_P = \frac{2(w - \psi_Q)}{(\Delta y)^2} \quad (4.33)$$

とします。

「障害物」が図4.4(b)のように「直角な角点」をもつときは、その「斜め方向」のひとつ内側の「格子点」の「流れ関数」を使います。

「A, B, C, D」の「角点」に対し、それぞれ「$\hat{A}, \hat{B}, \hat{C}, \hat{D}$」点が対象となる「格子点」です。

たとえば、「B点」の「渦度」は、

$$\omega_B = -\frac{2\psi_{\hat{B}}}{\Delta^2} \quad (4.34)$$

のように与えます。

第4章 「流れ関数-渦度法」
Stream Function-Vorticity Method

ただし、「Δ」は「斜めの格子間隔」であり、

$$\Delta^2 = (\Delta x)^2 + (\Delta y)^2 \tag{4.35}$$

です。

4.3 「平行平板間」の「流れ」

「ダクト」内に「角柱」の「障害物」を置き、「乱流」が発生するプロジェクトを作ります。

4.3.1 「片側の壁面」に接した「障害物」のある「ダクト」

まず、図4.3に示すように、「片側の壁面」に接触している「障害物」が置かれた「平行平板ダクト」の「流れ」を調べます。

このときは、4.2.4項で述べた「境界条件」がそのまま利用できます。

図4.5に実行例を示します。

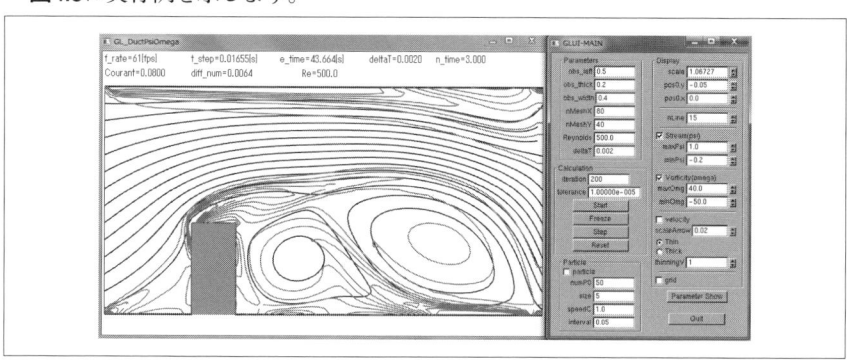

図4.5 片側の壁面に接した障害物が置かれたダクト内の流れ（GL_DuctPsiOmega）
赤は等渦度線、黒は流線を示す。レイノルズ数「$Re = 500.0$」、経過時間3.0無次元時間。

プロジェクト「GL_DuctPsiOmega」では、「ダクト」の「大きさ」は「固定」であり、「x軸方向の長さ」を「2」、「y軸方向の長さ」(幅)を「1」としています。

「障害物」の「位置」や「サイズ」は、「GLUIウィンドウ」の「[Parameters]パネル」の[obs_left][obs_thick][obs_width]などで変更できます。

これらの「サイズ設定」が「不適当」ならば、「障害物」の「境界」と「分割線」が不一致になります。

そのようなときは、画面中央に「"Reset obstacle size"」と表示されるので、再設定してください。

4.3 「平行平板間」の「流れ」

そのほか、「分割数」([nMeshX][nMeshY])、「レイノルズ数」([Reynolds])、「タイム・ステップ」([deltaT])などを変更できます。

*

「ポアソンの方程式」を解くときに必要な、「最大繰り返し回数」や「許容誤差」は、それぞれ、「[Calculation]パネル」の[iteration][tolerance]で変更できます。

表示画面の最上段の「f_rate」は、「プロジェクトのフレーム数」、「t_step」はその「逆数」であり、「表示上の刻み時間」です。
「e_time」は、実際の「経過時間」です。

「数値計算」上の「刻み時間」(タイム・ステップ)の「deltaT」は、[deltaT]で与えた値であり、「n_time」は「deltaT」で計測した「無次元経過時間」です。

式(4.23)の「渦度輸送方程式」は、「$1/Re$」を「拡散係数」と見なすと、**3章**で述べた「移流拡散方程式」に一致するので、「CIP法」で解く場合は、「クーラン数」や「拡散数」の制約を受けます。
そのため、「数値計算」の「発散性」を見積もるために、**3章**のプロジェクトと同じように「Courant」と「diff_num」を計算して、表示しています。

[Start]をクリックし、「数値計算」を実行すると、表示画面の「2行目」に「ポアソン方程式」を解く際の、「繰り返し回数」と「誤差」が表示されます。

デフォルトでは「等渦度線」だけが表示され、「[Display]パネル」の「チェックボックス」([Stream(psi)][velocity])で、「流線」や「速度ベクトル」も表示されます。
[nLine]は、「等渦度線」と「流線」の本数であり、[minOmg][maxOmg]は、「drawContour()」で「渦度線」を求める際の「最小値」と「最大値」です。
同じように、[minPsi][maxPsi]で「流線」の「最小値」と「最大値」を調整できます。
「コンソール画面」には実際の「最小値」「最大値」が表示されるので、ほぼ一致するように変更すると、指定した本数の「等高線」が表示されます。

「[Particle]パネル」の[particle]をチェックすると、「流入端」から「粒子」が飛び出します。
「数値計算」を実行する前に、これをチェックしておくと、「初期設定」で「粒子」は移動します。
「粒子」が「右端」に近づいてから実行すると、「数値計算」初期から「障害物」近辺の「粒子」の動きを見ることができます。

第4章 「流れ関数-渦度法」
Stream Function-Vorticity Method

「レイノルズ数」(Re)が「2000以下」では、実行後しばらくは「障害物の上流」側および「下流」側で「渦」が発生しますが、時間とともに「渦」は小さくなります。

消滅しないときでも、ほとんど時間的に変化のない「渦」になります。

「Re」が「2000以上」では、いつまでも絶え間なく「渦」が発生し、「下流」側へ流れていきます。

図4.5は「レイノルズ数」($Re = 500.0$)で「3.0無次元時間経過後」の結果です。

「赤」は「等渦度線」で、「黒」は「流線」です。

4.3.2 「壁面」から独立した「障害物」のある「ダクト」

「障害物」を「壁面」から離したときも、「障害物の表面」では「流れ関数」の値は一定です。

しかし、その値を求めるには、「圧力一価」の条件を利用しなければならず、簡単には求められないようです。

*

ここでは、「障害物の中心」を「ダクトの中心軸」上に置き、単純に「障害物」の「流れ関数」を、「2つの壁」の「中間値」として解きます。

*

前項のときの「障害物」は、「下の壁」に接していたので、「障害物」の「角点」における「渦度境界条件」を求める際に、「左上」あるいは「右上」の「格子点」の「流れ関数」を用いていました。

「ダクト」の「内部」に置かれたときは、「下の角」に対しては「左下」および「右下」の「格子点」が対象になります。

それぞれの対象点の「流れ関数」を「ψ_Q」とすると、「障害物表面」上の「渦度」は、

$$\omega_P = \frac{2(\psi_o - \psi_Q)}{(\Delta)^2} \tag{4.36}$$

となります。

ここで、「ψ_o」は、「障害物表面」の「流れ関数」で、「上下の壁」の「流れ関数」の「中間値」、

$$\psi_o = \frac{w}{2} \tag{4.37}$$

とします。

*

「GL_DuctPsiOmega1」は「ダクト中心軸」上に「障害物」を置いた以外は、前項の

4.3 「平行平板間」の「流れ」

プロジェクトとほとんど同じです。

「[Calculation]パネル」の「[Start]ボタン」で計算を実行すると、「障害物の上下」にほぼ同じような「等渦度線」が発生します。

「障害物のサイズ」が、どちらも「0.12」のとき、「レイノルズ数」(Re)が「500以下」では、その「等渦度線」は「双子渦」のようになって、「下流」側に伸びていきます。

「Re」が「600」では、長く伸びた上下の「等渦度線」は、「下流」側において交互に干渉し合い、「カルマン渦」が発生します。

「レイノルズ数」を高くするにつれ、「干渉する位置」は「障害物」に近づき、独立した「等渦度線」は上下交互に頻繁に発生し、「カルマン渦列」が見られるようになります。

あらかじめ「粒子」を発生させておくと、「上」の「等渦度線」は「青い粒子」を、「下」の「等渦度線」は「赤い粒子」を巻き込んだまま「下流」側に流れていく様子が見られます。

「障害物のサイズ」が「大きい」ほど、「カルマン渦」は発生しやすくなります。

図4.6に「レイノルズ数」($Re = 5000$)のときの実行例を示します。

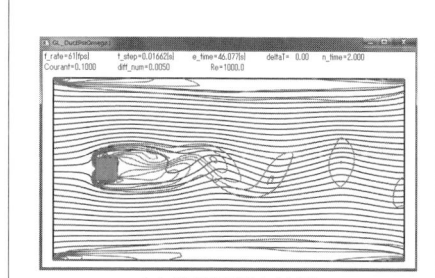

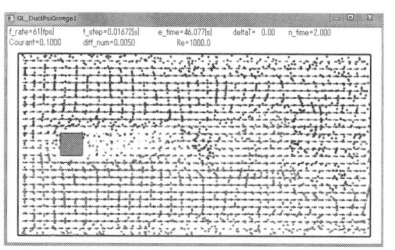

(a) 等渦度線と流線　　(b) 速度ベクトルと粒子アニメーション

図4.6　中心軸上に障害物を置いたダクトの流れ（GL_DuctPsiOmega1）
レイノルズ数「$Re = 1000$」、経過時間2.0無次元時間。

(a)は「等渦度線」と「流線」を、**(b)**は「速度ベクトル」と「粒子アニメーション」を示しています。

4.3.3　GPGPUプロジェクト

「GP_DuctPsiOmega1」は「GL_DuctPsiOmega1」の「GPGPU」版です。

「渦度」「流れ関数」および「速度」（の絶対値）を、3章のプロジェクトと同じように、「カラー表示」しています。

第4章 「流れ関数-渦度法」
Stream Function-Vorticity Method

図4.7に「渦度表示」の実行例を示します。

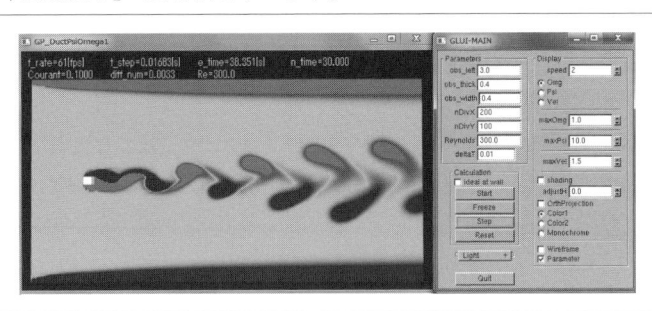

図4.7　GP_DuctPsiOmega1の実行例

「レイノルズ数」は「$Re = 300$」です。

「渦」が規則的に絶え間なく発生し、「下流」側へ流れていきます。

「障害物のサイズ」によって、「渦」の「形状」が変化します。

長時間実行していると、「壁面」においても「渦」が発生します。

「[Calculation]パネル」の[ideal at wall]をクリックすると、この「壁面渦」を軽減できます。

「渦度」の「境界条件」の式(4.31)において、「壁面の速度」を「流入口の速度」に一致させることで、「壁面」では「理想流体」に近づき、「渦」の発生がかなり抑えられます。

「動く壁面」の「境界条件」については、**4.4.1項**で説明します。

「流れ関数-渦度法」で必要な「物理量」は、「渦度」と「流れ関数」と「速度」です。

「GPU側」(シェーダ側)で使われる「流れ関数」を「psi.r」、x方向速度を「psi.g」、y方向速度を「psi.b」としています。

「渦度」は、「omg.r」または「f」、そのx方向微分は「gx」、y方向微分は「gy」です。

「CPU側」では、「配列」(「psi[]」および「omg[]」)を、それぞれ、「1格子」当たり「3個」の「float型」の「動的メモリ」として確保しています。

「CPU側」から「GPU側」への「データ転送」は、「renewPsi()」および「renewOmega()」ルーチンで行なっています。

計算に必要な「境界条件」は、「CPU側」で与えています。

そのため、「renewPsi()」および「renewOmega()」ルーチンにおいて、「glReadPixels()」を用いて、「GPU側」で計算した結果を、「CPU側」の「メモリ」に転送しています。

「GPU側」の「数値計算」は、式(4.23)の「渦度輸送方程式」を「calcOmega」で、式(4.25)の「ポアソン方程式」を「calcPsi.frag」で解いています。

4.3 「平行平板間」の「流れ」

「並列計算」において、繰り返し計算することは不可能なので、「ポアソン方程式」の計算は1回だけに簡略化しています。

前項のプロジェクト「GL_DuctPsiOmega」で、「iteration」を「1」として実行してみると分かるように、同じような「渦」が作られます。

「渦」を作るだけの目的であれば、1回の計算で充分のようです。

なお、本章以降の「GPGPUプロジェクト」では、「3次元空間」に「光源」を与え、「陰影表示」ができるようにしています。

リスト4.1に「calcPsi.frag」を、リスト4.2に「calcOmega.frag」を示します。

リスト4.1 「CP_PsiOmega1」の「calcPsi.frag」

```glsl
#extension GL_ARB_texture_rectangle: enable
uniform sampler2DRect samplerOmg;
uniform sampler2DRect samplerPsi;
uniform int texWidth;
uniform int texHeight;
uniform float DX, DY;

varying vec2 texPos;

void main(void)
{
  float DX2 = DX * DX;
  float DY2 = DY * DY;
  float fct = 1.0 / (2.0 * DX2 + 2.0 * DY2);

  int NX = texWidth - 1;//x方向分割数
  int NY = texHeight -1;//y方向分割数

  vec4 omg = texture2DRect(samplerOmg, texPos);//注目点の渦度
  vec4 psi = texture2DRect(samplerPsi, texPos);//注目点の流れ関数と速度

  float psi_im, psi_ip, psi_jm, psi_jp;//隣接格子点の流れ関数と速度

  int i = int(texPos.x);
  int j = int(texPos.y);

  psi_im = texture2DRect(samplerPsi, texPos + vec2(-1.0, 0.0)).r;
  psi_ip = texture2DRect(samplerPsi, texPos + vec2( 1.0, 0.0)).r;
  psi_jm = texture2DRect(samplerPsi, texPos + vec2( 0.0,-1.0)).r;
  psi_jp = texture2DRect(samplerPsi, texPos + vec2( 0.0, 1.0)).r;

  //簡略化したポアソンの方程式の解
  if(i > 0 && i < NX && j > 0 && j < NY)
```

第4章 「流れ関数-渦度法」
Stream Function-Vorticity Method

```
{
  psi.r = ( ( psi_im + psi_ip) * DY2 + (psi_jm + psi_jp) * DX2 + omg.r * DX2 * DY2 ) * fct ;
}

//速度
psi.g =  (psi_jp - psi_jm) / (DY * 2.0);//x方向
psi.b =  (psi_im - psi_ip) / (DX * 2.0);//y方向

gl_FragColor = psi;
}
```

リスト4.2 「GP_PsiOmega1」の「calcOmega.frag」

```
#extension GL_ARB_texture_rectangle: enable
uniform sampler2DRect samplerOmg;
uniform sampler2DRect samplerPsi;
uniform int texWidth, texHeight;
uniform float deltaT, DX, DY, Re;

varying vec2 texPos;

void main(void)
{
  //CIP法で渦度を計算
  int NX = texWidth - 1;//動径方向分割数(格子数)
  int NY = texHeight -1;//方位角方向分割数

  vec4 psi = texture2DRect(samplerPsi, texPos);//注目点の流れ関数と速度
  vec2 vel = vec2(psi.g, psi.b);// 速度
  float f  = texture2DRect(samplerOmg, texPos).r;//注目点の渦度
  float gx = texture2DRect(samplerOmg, texPos).g;//注目点の渦度のx微分
  float gy = texture2DRect(samplerOmg, texPos).b;//注目点の渦度のy微分

  float c11, c12, c21, c02, c30, c20, c03, a, b, sx, sy, x, y, dx, dy, dx2, dy2, dx3, dy3;
  float f_iup, f_jup, f_iup_jup, gx_iup, gx_jup, gy_iup, gy_jup;
  int i, j, im, ip, jm, jp;

  i = int(texPos.x);
  j = int(texPos.y);

  if(i > 0 && i < NX && j > 0 && j < NY)
  {
    if(vel.x >= 0.0) sx = 1.0; else sx = -1.0;
    if(vel.y >= 0.0) sy = 1.0; else sy = -1.0;

    x = - vel.x * deltaT;
    y = - vel.y * deltaT;
```

4.3 「平行平板間」の「流れ」

```
    f_iup = texture2DRect(samplerOmg, texPos + vec2(-sx, 0.0)).r;
    f_jup = texture2DRect(samplerOmg, texPos + vec2( 0.0,-sy)).r;
    f_iup_jup = texture2DRect(samplerOmg, texPos + vec2(-sx, -sy)).r;
    gx_iup = texture2DRect(samplerOmg, texPos + vec2(-sx, 0.0)).g;
    gx_jup = texture2DRect(samplerOmg, texPos + vec2( 0.0,-sy)).g;
    gy_iup = texture2DRect(samplerOmg, texPos + vec2(-sx, 0.0)).b;
    gy_jup = texture2DRect(samplerOmg, texPos + vec2( 0.0,-sy)).b;

    dx = sx * DX;
    dy = sy * DY;
    dx2 = dx * dx;
    dy2 = dy * dy;
    dx3 = dx2 * dx;
    dy3 = dy2 * dy;

    c30 = ((gx_iup + gx) * dx - 2.0 * (f - f_iup) ) / dx3;
    c20 = (3.0 * (f_iup - f)  + (gx_iup + 2.0 * gx) * dx) / dx2;
    c03 = ((gy_jup + gy) * dy - 2.0 * (f - f_jup) ) / dy3;
    c02 = (3.0 * (f_jup - f) + (gy_jup + 2.0 * gy) * dy) / dy2;
    a = ( f - f_jup - f_iup + f_iup_jup) ;
    b = gy_iup - gy;
    c12 = (- a - b * dy) / (dx * dy2);
    c21 = (- a - (gx_jup - gx) * dx) / (dx2*dy);
    c11 = -b / dx + c21 * dx;

    f += ( ((c30 * x + c21 * y + c20) * x + c11 * y + gx) * x
+ ((c03 * y + c12 * x + c02) * y + gy) * y ) ;

    gx += ((3.0 * c30 * x + 2.0 * (c21 * y + c20)) * x + (c12
* y + c11) * y);
    gy += ((3.0 * c03 * y + 2.0 * (c12 * x + c02)) * y + (c21
* x + c11) * x);

    //粘性項に中央差分
    int ip = i+1, im = i-1, jp = j+1, jm = j-1;
    float f_ip, f_im, f_jp, f_jm;
    f_im = texture2DRect(samplerOmg, texPos + vec2(-1.0, 0.0)).r;
    f_ip = texture2DRect(samplerOmg, texPos + vec2(1.0, 0.0)).r;
    f_jm = texture2DRect(samplerOmg, texPos + vec2(0.0, -1.0)).r;
    f_jp = texture2DRect(samplerOmg, texPos + vec2(0.0, 1.0)).r;

    f += deltaT * ( (f_im + f_ip - 2.0 * f) / dx2 + (f_jm + f_jp - 2.0 * f) / dy2 ) / Re;
    }

    vec4 omg = vec4(f, gx, gy, 0.0);

    gl_FragColor = omg;
}
```

第4章 「流れ関数-渦度法」
Stream Function-Vorticity Method

4.4 キャビティ問題

図4.8に示すように、「直線状のダクト」に「正方形のくぼみ」があるとき、この「くぼみ」内の「流れ」を、「正方形のくぼみ」だけで「近似的に解く」問題を、「キャビティ問題」と呼びます。

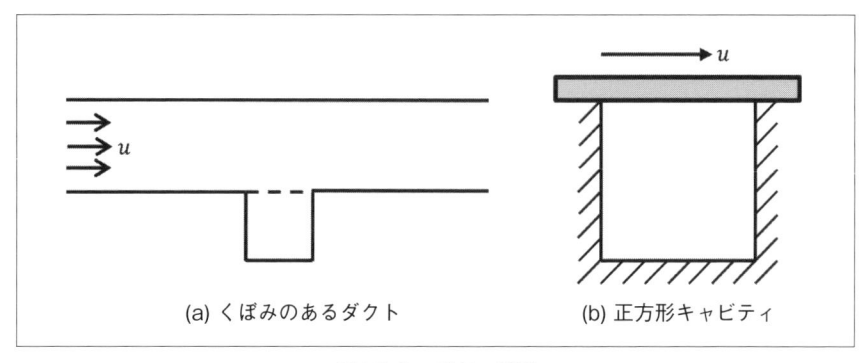

(a) くぼみのあるダクト　　(b) 正方形キャビティ

図4.8 キャビティ問題

4.4.1 問題設定

あらかじめ、「ダクト」および「くぼみ」の内部は、「水」や「空気」の「流体」で満たし、「ダクト内部」の「流体」が「一様速度」(u)で移動するとします。

このとき、「破線」で示した「ダクト」と「くぼみ」の「接触部分」も、同じ速度で移動します。

「接触部分」で「流体」の混ざり合いがないと仮定し、「くぼみ」だけを四方が壁で囲まれた独立した「キャビティ」として解きます。

ただし、「上の壁」は「速度」(u)で移動させ、「他の壁」は「固定」とします。

「壁」のひとつは移動していますが、すべてが接触しているので、「4個の壁」の「流れ関数」を「0」とします。

＊

次に、「渦度」の「境界条件」を調べます。

4.2.4項の式(4.30)は、「平行平板ダクト」の「下の壁面」に対する式でした。
「上の壁面」に対しては、

$$\psi_Q = \psi_P - \Delta y \frac{\partial \psi}{\partial y} + \frac{(\Delta y)^2}{2}\frac{\partial^2 \psi}{\partial y^2} \tag{4.38}$$

です。

ここで、「ψ_Q」は「上壁面からひとつ下」の「格子点」の「流れ関数」であり、「ψ_P」は「壁面上」の「流れ関数」、「Δy」は「格子間隔」、「$\partial \psi / \partial y$」は「壁面の速度」($u$)です。

さらに、「$\partial \psi / \partial x$」は、「$y$軸方向の速度」($v$)であり、「上壁面」上では「$v=0$」なので、「ポアソンの方程式」、

$$\frac{\partial^2 \psi}{\partial x^2} + \frac{\partial^2 \psi}{\partial y^2} = -\omega \tag{4.39}$$

において、「左辺」の第1項は「0」となります。

式(4.38)と式(4.39)から、「$\psi_P = 0$」として、「上壁面」の「渦度」は、

$$\omega_p = -\frac{2(\psi_Q + u\Delta y)}{(\Delta y)^2} \tag{4.40}$$

となります。

「他の固定された壁面」に対しては、「$u = v = 0$」なので、

$$\omega_p = -\frac{2\psi_Q}{(\Delta y)^2} \tag{4.41}$$

です。

「ψ_Q」は、各「壁面よりひとつ内側」の「流れ関数」です。

4.4.2 プロジェクト

「GL_CavityPsiOmega」は、「CPU側」のプログラムだけで作った、「キャビティ流れ」用のプロジェクトです。

「4つの壁」の「流れ関数」の「境界条件」は、すべて「基本境界条件」(ディリクレ型)なので、「init()」ルーチンで1度与えておくだけでよいでしょう。

「渦度」の「境界条件」も、「基本境界条件」ですが、内部の「流れ関数」は時々刻々と変化するので、「計算ルーチン」(calculate())で与えています。

第4章 「流れ関数-渦度法」
Stream Function-Vorticity Method

「実行例」を図4.9に示します。

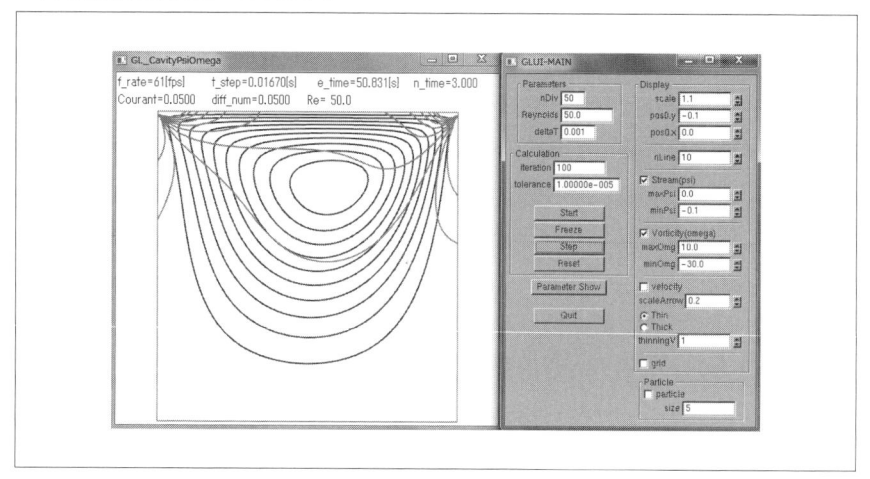

図4.9　キャビティ問題の実行例（GL_CavityPsiOmega）
レイノルズ数「$Re = 50$」のときの流線（黒）と等渦度線（赤）を示す。

「解析領域のサイズ」は、「1×1」に固定しています。

「分割数」は「[Parameters]パネル」の「[nMesh]エディットボックス」によって、「20〜100」の範囲で変更可能です（「x軸方向」「y軸方向」どちらも同じ値）。

「GLUIウィンドウ」の他の項目は、これまでのプロジェクトとほぼ同じです。

図4.9は、「流線」と「等渦度線」を示しています。
「レイノルズ数」（$Re = 50$）のときの結果です。
「レイノルズ数」が小さいほど、短時間で定常状態になります。
この例では、「無次元時間」が「2」程度で、「ポアソン方程式」の繰り返し回数は「0」になり、「流線」や「等渦度線」の曲線は変化しなくなります。

「レイノルズ数」が高くなると、繰り返し回数が「0」でも、曲線はゆっくり変化し、定常状態になるまでに、長時間を必要とします。

そのようなときは、計算が発散しない程度まで「deltaT」を大きくすると、計算速度は速くなります。

4.4 キャビティ問題

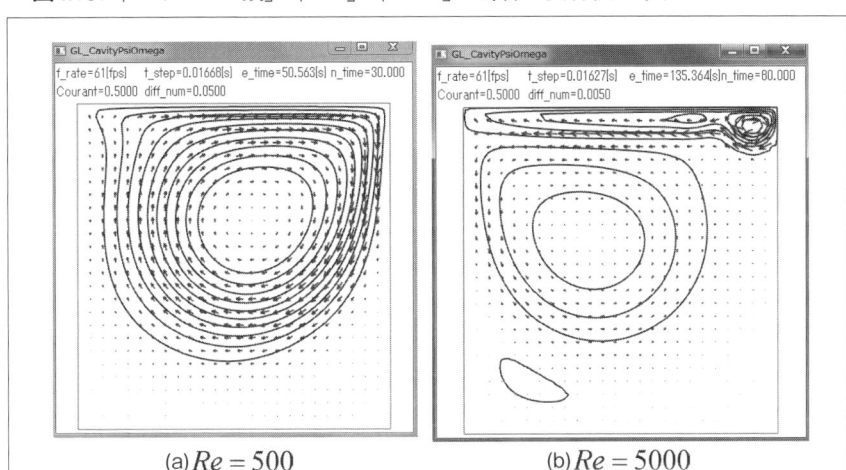

図4.10は「レイノルズ数」が「500」と「5000」の場合の実行例です。

(a) $Re = 500$　　　(b) $Re = 5000$

図4.10　流線と速度ベクトル（GL_CavityPsiOmega）

ほぼ定常状態のときの「流線」と「速度ベクトル」を示しています。

「レイノルズ数」が小さいとき、「渦」は1個だけしか現われませんが、大きくなると複数の「渦」が発生します。

「$Re = 5000$」のとき、「1次渦」は「右上の隅」にあり、「2次渦」が「中央」に出来、「左下」にも「3次渦」らしきものが現われています。

このプロジェクトでは、「[Particle]パネル」の「[particle]チェックボックス」をチェックして、「[Calculation]パネル」の[Reset]をクリックすると、「解析領域」全体に「粒子」が各「格子点」に表示されます。

左側から、「赤」「緑」「青」となっています。

この状態で実行すると、「粒子アニメーション」によって、「流体」の「流れ」の様子が分かります。

「流線」や「渦度線」が「定常状態」になっても、「粒子」はいつまでも移動し続けます。

図4.11に、「$Re = 5000$」に対する「流線」と「粒子」を示します。

第4章「流れ関数-渦度法」
Stream Function-Vorticity Method

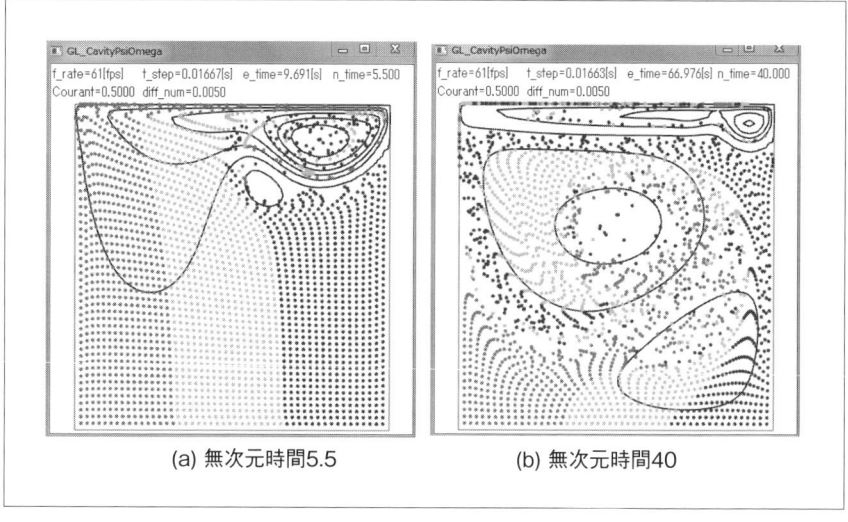

(a) 無次元時間5.5   (b) 無次元時間40

図4.11　流線と粒子アニメーション（GL_CavityPsiOmega）

(a)は「無次元時間」が「5.5」のときの結果で、(b)は「40」のときです。

4.5 「円柱まわり」の「流れ」

4.3節では、「矩形」で囲まれた内部領域に、「障害物」として「角柱」を置いたときの「流れ」の問題を扱いました。

このようなときは、「障害物の境界」を「直線状の格子線」に一致させることで、正しく「境界条件」を課すことができました。

「角柱」ではなく「円柱」を置いた場合は、「直線状格子」と「円柱境界」は完全には一致しませんが、「境界」に最も近い「格子点」を利用すれば、近似的に解くことができます。

一方、「2次元極座標変換」を利用すれば、「円柱境界」に完全に一致する「空間格子」を作れます。

ここでは、これら「2つ」の方法で「円柱まわり」の「流れ」を実現します。

4.5.1 「多角柱近似」による「流れ」

図4.12は、「直線状」の「等間隔格子空間」に、「円柱断面」を置いたときの様子を示しています。

4.5 「円柱まわり」の「流れ」

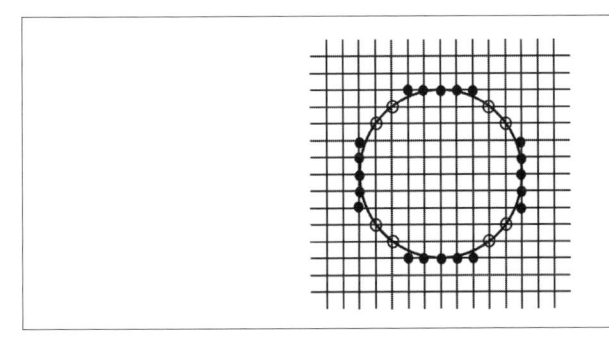

図4.12　円柱の八角柱近似
円柱断面の直径が10格子間隔に一致したときの境界点。
「黒丸」は「上下左右」の境界点、白丸は「左上」「右上」「左下」「右下」の境界点とする。

「円柱の中心」を、ある「格子点」に重ね、「円柱の半径」を格子間隔「5個」ぶんに一致させたときは、図のように「八角柱」で近似できます。

「黒丸」は「左右上下」の「境界」、「白丸」は「左上／右上／左下／右下」の「境界点」になっています。

したがって、これらの「境界格子点」に対する「境界条件」は、**4.2.4項**で述べた「角柱」に対する「境界条件」を参考にして決めることができます。

＊

「GL_DuctCylinder」は、「CPU側」だけでプログラミングしたプロジェクトです。

「障害物」を「角柱」から「円柱」に変更した以外は、「GL_DuctPsiOmega1」と同じになります。

「GP_DuctCylinder」は、「GPGPU」を利用した、同じようなプロジェクトです。

これらのプロジェクトも、**4.3節**のプロジェクトと同じように、「障害物」の「位置」や「サイズ」は「GLUIウィンドウ」の「[Parameters]パネル」の[obs_left][obs_radius]などで変更できます。

これらの「サイズ設定」が不適当ならば、「障害物」の「境界」と「分割線」が不一致になります。

そのようなときは、画面中央に「"Reset obstacle size"」と表示されるので、再設定してください。

「レイノルズ数」が同じであれば、「GL_DuctCylinder」と「GL_DuctPsiOmega1」の実行結果は、よく似ています。

同じように、「GP_DuctCylinder」は「GP_DuctPsiOmega1」によく似たパターンが現われます。

第4章 「流れ関数-渦度法」
Stream Function-Vorticity Method

図4.13に「GP_DuctCylinder」に対する実行例を示します。

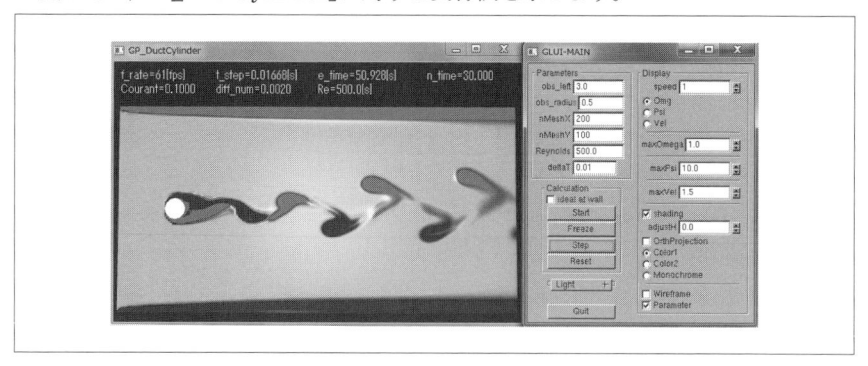

図4.13　ダクト内の円柱まわりの流れ（GP_DuctCylinder）

このときの「レイノルズ数」は「$Re = 500$」です。

4.5.2 「極座標変換」による「流れ」

これまでの「流れ」は、「閉じた空間」内における「内部流」でした。

本項では「外部流」の例として、「一様流」の中に置かれた「円柱まわり」の「流れ」を扱います。

前項で用いた「等間隔格子」では、「円柱境界」と「格子点」は完全には一致せず、「多角柱近似」で解きました。

「境界」が「曲線」の場合は、適当な「座標変換」によって「境界」と「格子点」を一致させることができます。

そのときは、「格子の間隔」が一定でなくなり、「不等間隔格子」となります。

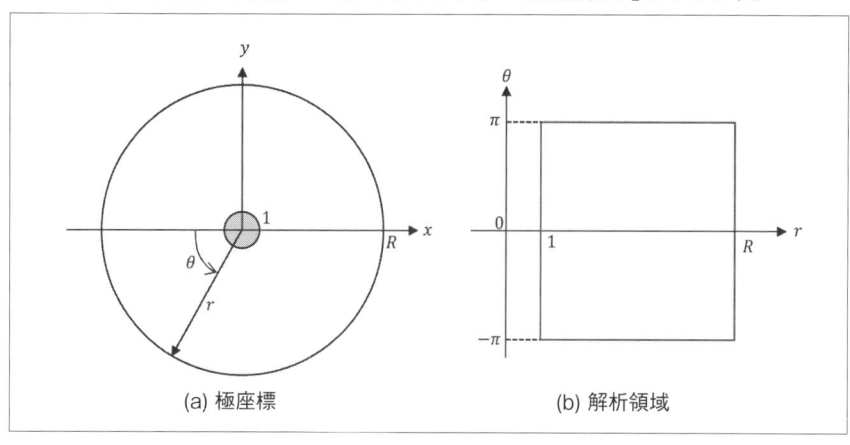

(a) 極座標　　　　　　　　　　(b) 解析領域

図4.14　2次元極座標と解析領域

4.5 「円柱まわり」の「流れ」

(1)「極座標」を用いた「格子生成」

「境界」が「円」のときは、図4.14(a)に示す「2次元極座標変換」が便利です。

「動径方向」を「r」とすると、「極座標変換」は、

$$\begin{cases} x = r\cos\theta \\ y = r\sin\theta \end{cases} \quad (4.42)$$

です。

本書では、これまでと同じように「一様流」の方向が「左側」から「右側」となるように、角度「θ」の起点を「$-\pi$」としています。

「0」にすると、「下流」側の「流れ」が「$\theta = 0$」で不連続になることがあります。
したがって、角度「θ」の範囲は$[-\pi, \pi]$となります。

「外部流」の問題は「無限領域」を対象としますが、「数値計算」では「有限領域」としなければなりません。

「円柱の半径」を「1」とし、「最大値」を「R」とすると、「解析領域」は、図4.14(b)のように「長方形領域」となります。

さらに、「動径」(r)方向に対しては、

$$r = e^{\xi} \quad (4.43)$$

の座標変換を行なっています。

これによって、「円柱」付近では「細かく」、「円柱の影響が少ない遠方」ほど「粗い」、「格子間隔」をつくることができます。

上式から「ξ」の最大値は、

$$\xi_{max} = \log R \quad (4.44)$$

です。
ここで、「log」は「自然対数」です。

図4.15に「分割数」が「ξ, θ」どちらも「10」のときの計算面(ξ, θ)と物理面(x, y)の「格子」を示します。

第4章 「流れ関数-渦度法」
Stream Function-Vorticity Method

(a) 等間隔格子(計算面)　　　(b) 不等間隔格子(物理面)

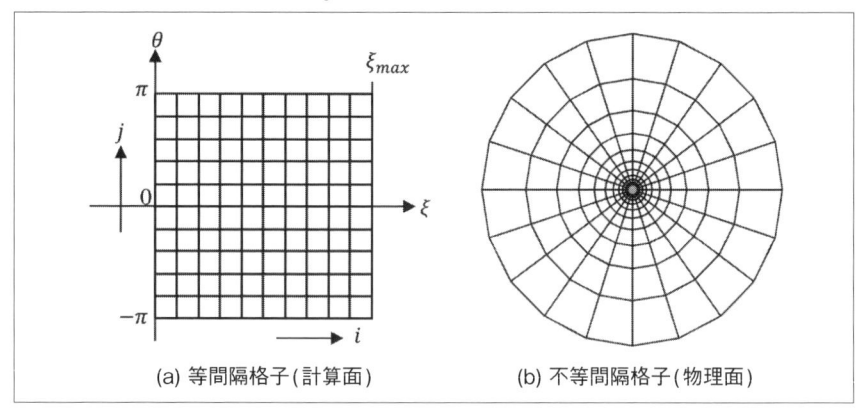

図4.15　等間隔格子と不等間隔格子

このように、「計算面」(ξ, θ)で「等間隔格子」を用いると、「物理面」では「不等間隔格子」になります。

(2)「不等間隔格子」を用いた「支配方程式」

『連続の式』『速度』と『流れ関数』の関係式』、および『ナビエ＝ストークス方程式』を「極座標」で表現し、式(4.43)の「座標変換」を用いると、計算に必要な方程式を得ることができます。

結果は、以下のようになります。

「速度」と「流れ関数」の関係式は、

$$\begin{cases} v_r = \dfrac{1}{r}\dfrac{\partial \psi}{\partial \theta} = e^{-\xi}\dfrac{\partial \psi}{\partial \theta} \\ v_\theta = -\dfrac{\partial \psi}{\partial r} = -e^{-\xi}\dfrac{\partial \psi}{\partial \xi} \end{cases} \quad (4.45)$$

「流れ関数」に対する「ポアソンの方程式」は、

$$\frac{\partial^2 \psi}{\partial \xi^2} + \frac{\partial^2 \psi}{\partial \theta^2} = -e^{2\xi}\omega \quad (4.46)$$

「渦度輸送方程式」は、

$$\frac{\partial \omega}{\partial t} + e^{-\xi}\left(v_r \frac{\partial \omega}{\partial \xi} + v_\theta \frac{\partial \omega}{\partial \theta}\right) = \frac{e^{-2\xi}}{Re}\left(\frac{\partial^2 \omega}{\partial \xi^2} + \frac{\partial^2 \omega}{\partial \theta^2}\right) \quad (4.47)$$

です。

4.5 「円柱まわり」の「流れ」

(3) 境界条件

「円柱境界」上 ($r = 1$) では、

$$v_r = v_\theta = 0 \tag{4.48}$$

であり、「流れ関数」は「一定値」を取ります。

プログラムでは「$\psi = 0$」としています。

遠方境界では、大きさ「1」の「一様の流れ」としているので、式(4.27)より、

$$\psi = y = r\sin(\theta - \pi) = e^\xi \sin(\theta - \pi) \tag{4.49}$$

となります(「θ」の起点を「$-\pi$」としていることに注意)。

「ξ方向」の「格子番号」を、「i」とし、「θ方向」の格子番号を「j」とし、各「格子点」の「流れ関数」の「初期値」を、

$$\psi_{i,j} = e^{i\Delta\xi} \sin(j\Delta\theta - \pi) \tag{4.50}$$

で与えています。

ここで、「$\Delta\xi$」および「$\Delta\theta$」は、「計算面格子空間」における「格子間隔」です。

「円柱境界」における「渦度」の「境界条件」は、これまでと同じように、「境界からひとつ外側」の「格子」の「流れ関数」を用いて、

$$\omega_{0,j} = -\frac{2\psi_{1,j}}{(\Delta\xi)^2} \tag{4.51}$$

とします。

「外側境界」では、

$$\omega_{n,j} = \omega_{n-1,j} \tag{4.52}$$

の「自然境界条件」を与えています。

(4) プロジェクト

式(4.45)〜(4.47)を、これまでと同じように解きます。

異なる点は、「座標変換」によって生じた「$e^{-\xi}, e^{-2\xi}, e^{2\xi}$」などの係数を乗じる部分だけです。

「渦度輸送方程式」の「移流項」も、これまでと同じく「CIP法」で解いています。

第4章 「流れ関数-渦度法」
Stream Function-Vorticity Method

「補間式」の「係数計算」には、「座標変換」がないときのプログラムをそのまま使い、「関数値」(渦度)や「微係数」を求める際に「$e^{-\xi}$」を乗じています。

プログラムでは「$\Delta\xi$」および「ξ」を、それぞれ「DX」「DY」としています。
「ξ」および「θ」の分割数を、それぞれ「NX」「NY」としています。

「GL_Cylinder」は、「CPU側」だけで作ったプロジェクトです。
図4.16と図4.17に実行例を示します。
どちらも「レイノルズ数」は「500」、「格子分割数」は「NX=NY=40」、「外側半径」は「30」で実行しています。

図4.16は「流線」の時間経過です。

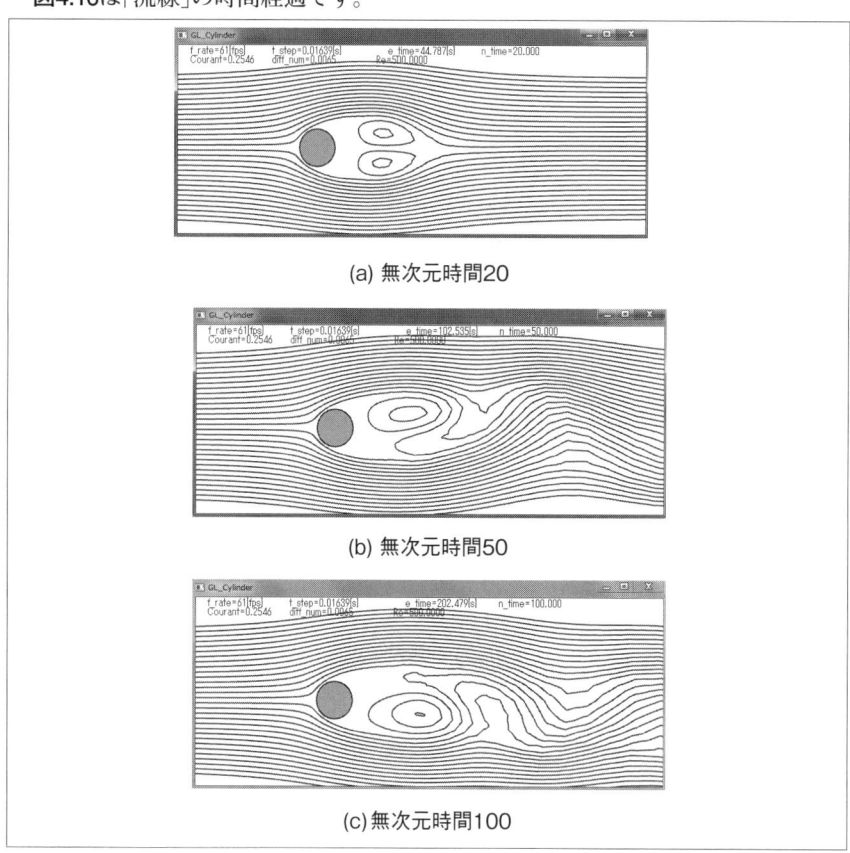

(a) 無次元時間20

(b) 無次元時間50

(c) 無次元時間100

図4.16　円柱まわりの流れ（GL_Cylinder）
無次元時間20, 50, 100の流線の時間経過を示す。

4.5 「円柱まわり」の「流れ」

　実行後すぐに、「円柱の上下」において「流れの剥離」が見られ、「下流」側には「対称」な「双子渦」が発生します。
　時間が経過すると、「渦」は徐々に「非対称」となり、「周期的」に交互に発生するようになります。
　大きい「渦」は、形を崩しながら「下流」側へ流れていきます。

　図4.17に「円柱」付近の「速度ベクトル」と「等渦度線」を示しています。

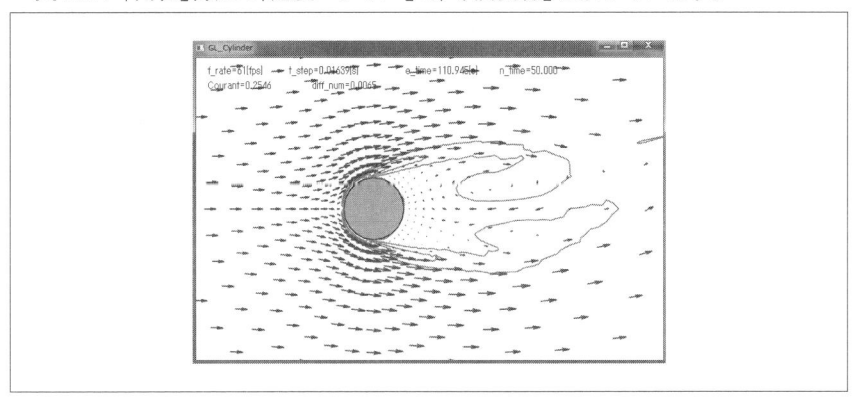

図4.17　円柱まわりの流れ（GL_Cylinder）
無次元時間50の速度ベクトルと渦度。

　「円柱上下」の「剥離点」の「下流」側で速度は急に小さくなり、「円柱の背後」は「流れ」の「よどみ」になることが分かります。
　「横軸中心軸」付近で、「下流」側から「円柱背後」に向かう「速度ベクトル」が見られます。

＊

　「GP_Cylinder」は、「GPGPU」を利用したプロジェクトです。
　「GPU側」のプログラムは、「座標変換」によって生じた「$e^{-\xi}, e^{-2\xi}, e^{2\xi}$」などの係数を乗じる部分を除けば、「GP_DuctCylinder」および「GP_DuctPsiOmega1」のときのプログラムと同じです。

　このプロジェクトでは、「レイノルズ数」が「30以上」で、「カルマン渦」が発生します。
　図4.18に「レイノルズ数」が「500」、「格子分割数」が「NX=NY=100」、「外側半径」が「30」のときの実行例を示します。

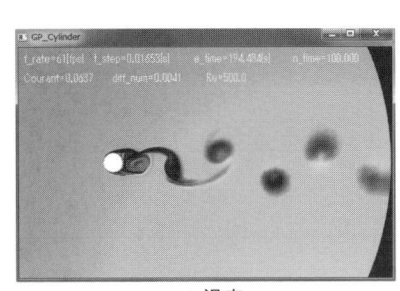

第4章 「流れ関数-渦度法」
Stream Function-Vorticity Method

(a) 渦度　　　　　　　　　　　(b) 流れ関数

図4.18　円柱まわりの流れ（GP_Cylinder）
渦度と流れ関数。レイノルズ数500、無次元時間100。

(a)は「渦度」の「カラー連続表示」、(b)は「流れ関数」の「段階表示」です。
(b)は「ワイヤーフレーム表示」となっており、「格子線」を確認できます。

なお、「カルマン渦」の「振動数」は、次式で与えられます。

$$f = St\frac{U}{D} \tag{4.53}$$

ここで、「St」は「ストローハル数」と呼ばれる「無次元数」であり、「U」は「流れの速度」、「D」は「円柱の直径」です。

「円柱」に対する多くの実験結果では、「ストローハル数」(St)は、ほぼ「0.2」となることが確かめられています。

「GP_Cylinder」では「$U = 1.0, D = 2.0$」なので、上式に代入して、「振動数」は「$f = 0.1$」となります。

「GP_Cylinder」による測定値は、「0.08 〜 0.09」でした。

この測定は、図4.18(a)のような「渦」を発生させておき、同じプロファイルがある位置を通るときの「無次元時間」を数回求めることで可能です。

第5章

「速度 - 圧力法」

Velocity-Pressure Method

　前章の「流れ関数 - 渦度法」は、「連続の式」を完全に満たす、という利点があります。
　しかし、「独立した障害物」の「境界」上の「流れ関数」を簡単に求めることはできず、さらに、「3次元問題」には利用できない、という欠点があります。

　本章では「速度 - 圧力法」に基づく解法を示します。
　「速度 - 圧力法」は「障害物表面」の「流れ関数」が未知の場合でも、利用できます。

|本章で作るプロジェクト|
- 「キャビティ」流れ
- 「平行平板ダクト」に「角柱障害物」があるときの「流れ」
- 「平行平板ダクト」に「移動障害物」があるときの「流れ」

第5章 「速度-圧力法」
Velocity-Pressure Method

5.1 「速度-圧力法」の概要

前章で述べたように、「非圧縮性粘性流体」の「流れ」を解くには、「連続の式」と「ナビエ＝ストークスの方程式」が必要です。

再掲すると、

$$\nabla \cdot v = 0 \tag{5.1}$$

$$\frac{\partial v}{\partial t} + (v \cdot \nabla)v = -\nabla p + \frac{1}{Re}\nabla^2 v \tag{5.2}$$

です。

「流れ関数-渦度法」では、「連続の式」を満たすために「流れ関数」を利用し、「圧力項」を削除するために「渦度」を導入しました。

「速度-圧力法」では、「速度」と「圧力」を直接解きます。
そのため、「速度」を「時間発展的」に求める際に、「連続の式」が保たれるように定式化する必要があります。

5.1.1 フラクショナル・ステップ法

「速度-圧力法」の代表的な解法に「MAC法」があり、それから派生した「SMAC法」や「HSMAC法」などかあります。

ここでは、**書籍(18、19、20)** に基づく「**フラクショナル・ステップ法**」(fractional step method：部分段階法)だけを利用します。

「ナビエ＝ストークスの方程式」(5.2)の「時間微分項」に対して、「前進差分」を適用すると、

$$\frac{v^{n+1} - v^n}{\Delta t} + (v^n \cdot \nabla)v^n = -\nabla p + \frac{1}{Re}\nabla^2 v^n \tag{5.3}$$

となります。

ここで、「$t = t_n$」においては「速度」(v^n)は既知ですが、「圧力」(p)は未定です。
上式を次の「2式」に分解します。

5.1 「速度-圧力法」の概要

$$\frac{v^* - v^n}{\Delta t} + (v^n \cdot \nabla) v^n = \frac{1}{Re} \nabla^2 v^n \tag{5.4}$$

$$\frac{v^{n+1} - v^*}{\Delta t} = -\nabla p \tag{5.5}$$

これら「2つ」の式を加えると、式(5.3)になります。

式(5.4)は、「流れ関数-渦度法」の「渦度輸送方程式」に相当するもので、「速度」の「輸送方程式」です。

「2次元」の場合は、「速度ベクトル」(v)を「x軸方向速度」(u)と「y軸方向速度」(v)に分けて解きます。

「v^*」が求まれば、式(5.5)を変形した次式で計算できます。

$$v^{n+1} = v^* - \Delta t \nabla p \tag{5.6}$$

ところで、「圧力」(p)はまだ未定です。
式(5.6)の両辺の「発散」をとると、

$$\nabla \cdot v^{n+1} = \nabla \cdot v^* - \Delta t \nabla^2 p \tag{5.7}$$

となります。

ここで、「連続の式」を用いると、「左辺」は常に、「$\nabla \cdot v^{n+1} = 0$」となります。
よって、

$$\nabla^2 p = \frac{\nabla \cdot v^*}{\Delta t} \tag{5.8}$$

が成立します。
これは、「未知数」(p)に関して「ポアソンの方程式」になっています。
すなわち、「フラクショナル・ステップ法」では、数値計算誤差によって、「$\nabla \cdot v^n \neq 0$」が生じたとしても、次の「時間ステップ」で「連続の式」が保たれるように、強制しながら圧力を更新しています。

「フラクショナル・ステップ法」の計算手順は、以下のようになります。

ステップ1：すべての「変数」の「初期条件」を与える。
ステップ2：「速度」の「境界条件」を与える。
ステップ3：「速度」の「輸送方程式」(5.4)によって、「仮の速度」(v^*)を求める。

第5章 「速度-圧力法」
Velocity-Pressure Method

ステップ4：この「仮の速度」(v^*)を用いて、式(5.8)の「ポアソンの方程式」を解き、「圧力」を更新する。

ステップ5：更新された「圧力」(p)と「仮の速度」(v^*)を用いて、式(5.6)によって「速度」を更新し、ステップ2に戻る。

5.1.2 「格子」の種類

これまでの「数値計算」では、すべての「物理量」の「格子点」が一致する「**レギュラー格子**」(regular grid：通常格子)を用いてきました。

しかし、「速度-圧力法」では「**スタガード格子**」(staggered grid：食い違い格子)がよく用いられます。

「レギュラー格子」では、「圧力」の「境界条件」が、「偶数番目」または「奇数番目」の「格子点」において満たされなくなり、「圧力振動」が生じることがあります。

「2次元問題」に対して、この現象は「チェッカーボード不安定」と呼ばれます。

「スタガード格子」では、ひとつの「格子」で「連続の式」の「$\nabla \cdot v$」を自然に表わすことができ、さらに各方向の「圧力勾配」がその「方向の速度」を決めるという、「ナビエ＝ストークスの方程式」の物理的な意味が自然に表現されます。

ただし、「スタガード格子」では「速度」と「圧力」の定義点がズレているため、プログラミングは複雑になります。

＊

本節では、これら2種類の「格子」で、「速度−圧力法」のプロジェクトを作ってみます。

(a) レギュラー格子　　　(b) スタガード格子

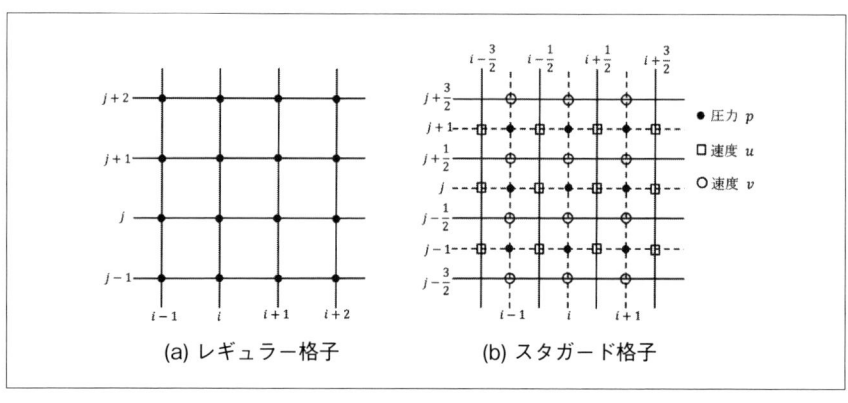

図5.1　レギュラー格子とスタガード格子

レギュラー格子では速度「u, v」および圧力「p」を同じ格子点に配置する。

スタガード格子では圧力格子点から半格子ずれた別々の格子点に配置する。

5.1 「速度-圧力法」の概要

(1) レギュラー格子

「通常格子」は図5.1(a)に示すように、「x方向速度」(u)や、「y方向速度」(v)と、「圧力」(p)を、同じ「格子点」に配置します。

式(5.4)の「速度輸送方程式」を「x, y成分」に分けて、「空間微分」を「中央差分」で「離散化」すると、次式のようになります。

$$u_{i,j}^* = u_{i,j}^n - \Delta t \left\{ u_{i,j}^n \frac{u_{i+1,j}^n - u_{i-1}^n}{2\Delta x} + v_{i,j}^n \frac{u_{i,j+1}^n - u_{i,j-1}^n}{2\Delta y} \right.$$

$$\left. + \frac{1}{Re} \left(\frac{u_{i+1,j}^n - 2u_{i,j}^n + u_{i-1,j}^n}{(\Delta x)^2} + \frac{u_{i,j+1}^n - 2u_{i,j}^n + u_{i,j-1}^n}{(\Delta y)^2} \right) \right\} \quad (5.9a)$$

$$v_{i,j}^* = v_{i,j}^n - \Delta t \left\{ u_{i,j}^n \frac{v_{i+1,j}^n - v_{i-1}^n}{2\Delta x} + v_{i,j}^n \frac{v_{i,j+1}^n - v_{i,j-1}^n}{2\Delta y} \right.$$

$$\left. + \frac{1}{Re} \left(\frac{v_{i+1,j}^n - 2v_{i,j}^n + v_{i-1,j}^n}{(\Delta x)^2} + \frac{v_{i,j+1}^n - 2v_{i,j}^n + v_{i,j-1}^n}{(\Delta y)^2} \right) \right\} \quad (5.9b)$$

式(5.8)の「ポアソンの方程式」は、

$$\frac{p_{i+1,j} - 2p_{i,j} + p_{i-1,j}}{(\Delta x)^2} + \frac{p_{i,j+1} - 2p_{i,j} + p_{i,j-1}}{(\Delta y)^2} = D_{i,j} \quad (5.10)$$

ここで、

$$D_{i,j} = \frac{1}{\Delta t} \left(\frac{u_{i+1,j}^* - u_{i-1,j}^*}{2\Delta x} + \frac{u_{i,j+1}^* - u_{i,j-1}^*}{2\Delta y} \right) \quad (5.11)$$

です。

式(5.10)を「$p_{i,j}$」について解くと、

$$p_{i,j} = \frac{(\Delta x \Delta y)^2}{2((\Delta x)^2 + (\Delta y)^2)} \left(\frac{p_{i+1,j} + p_{i-1,j}}{(\Delta x)^2} + \frac{p_{i,j+1} + p_{i,j-1}}{(\Delta y)^2} - D_{i,j} \right) \quad (5.12)$$

を得ます。

この計算を、「境界」を除くすべての「格子点」で行ない、「反復前後」で「誤差」が「許

第5章 「速度-圧力法」
Velocity-Pressure Method

容値以下」になるまで繰り返します。

次の「時間ステップ」の「速度」は、

$$u_{i,j}^{n+1} = u_{i,j}^* - \Delta t \frac{p_{i+1,j} - p_{i-1,j}}{2\Delta x} \quad (5.13a)$$

$$v_{i,j}^{n+1} = v_{i,j}^* - \Delta t \frac{p_{i,j+1} - p_{i,j-1}}{2\Delta y} \quad (5.13b)$$

によって計算できます。

(2) スタガード格子

図5.1(b)に「スタガード格子」を示します。

「スタガード格子」では、「圧力」(p)および「速度」(u,v)を半格子ズレた別々の「格子線」上に配置します。

「圧力位置」と同じ「水平格子線」上に「x方向速度」(u)を、「圧力位置」と同じ「垂直格子線」上に、「y方向速度」(v)を置きます。

「圧力」(p)を「黒丸」で、「速度」(u)を「四角」、「速度」(v)を「白丸」で示しています。

「圧力」の置かれた「格子線」を「破線」で示し、「圧力格子点」の位置を「$i\pm m, j\pm n$」で表わしたとき、「速度」(u)の「格子点」は、「$i\pm(2m+1)/2, j\pm n$」となり、「速度」(v)の「格子点」は、「$i\pm m, j\pm(2n+1)/2$」となります。

ただし、「i, j, m, n」は整数です。

*

この「スタガード格子」を用いたとき、「速度輸送方程式」の「x成分」(式(5.9a)に相当する式)は、

$$u_{i-1/2,j}^* = u_{i-1/2,j}^n - \Delta t \left\{ u_{i-1/2,j}^n \frac{u_{i+1/2,j}^n - u_{i-3/2,j}^n}{2\Delta x} + v_{i-1/2,j}^n \frac{u_{i-1/2,j+1}^n - u_{i-1/2,j-1}^n}{2\Delta y} \right.$$
$$\left. + \frac{1}{Re}\left(\frac{u_{i+1/2,j}^n - 2u_{i-1/2,j}^n + u_{i-3/2,j}^n}{(\Delta x)^2} + \frac{u_{i-1/2,j+1}^n - 2u_{i-1/2,j}^n + u_{i-1/2,j-1}^n}{(\Delta y)^2} \right) \right\} \quad (5.14a)$$

となります。

5.1 「速度-圧力法」の概要

「y成分」は、

$$v^*_{i,j-1/2} = v^n_{i,j-1/2} - \Delta t \left\{ u^n_{i,j-1/2} \frac{v^n_{i+1,j-1/2} - v^n_{i-1,j-1/2}}{2\Delta x} + v^n_{i,j-1/2} \frac{v^n_{i,j+1/2} - v^n_{i,j-3/2}}{2\Delta y} \right.$$

$$\left. + \frac{1}{Re}\left(\frac{v^n_{i+1,j-1/2} - 2v^n_{i,j-1/2} + v^n_{i-1,j-1/2}}{(\Delta x)^2} + \frac{v^n_{i,j+1/2} - 2v^n_{i,j-1/2} + v^n_{i,j-3/2}}{(\Delta y)^2} \right) \right\} \quad (5.14b)$$

です。

ところで、式(5.14a)の「$v^n_{i-1/2,j}$」は「速度」(v)が定義されていない「格子点」の値で、式(5.14b)の「$u^n_{i,j-1/2}$」は「速度」(u)が定義されていない「格子点」の値です。

このようなときは、次のように最近接の「4格子点」の「v」および「u」の「平均値」を用います。

$$v^n_{i-1/2,j} = \frac{1}{4}\left(v^n_{i-1,j-1/2} + v^n_{i,j-1/2} + v^n_{i-1,j+1/2} + v^n_{i,j+1/2} \right) \quad (5.15a)$$

$$u^n_{i,j-1/2} = \frac{1}{4}\left(u^n_{i-1/2,j-1} + u^n_{i+1/2,j-1} + u^n_{i-1/2,j} + u^n_{i+1/2,j} \right) \quad (5.15b)$$

「ポアソンの方程式」は式(5.10)と同じ、

$$\frac{p_{i+1,j} - 2p_{i,j} + p_{i-1,j}}{(\Delta x)^2} + \frac{p_{i,j+1} - 2p_{i,j} + p_{i,j-1}}{(\Delta y)^2} = D_{i,j} \quad (5.16)$$

ですが、「$D_{i,j}$」を、

$$D_{i,j} = \frac{1}{\Delta t}\left(\frac{u^*_{i+1/2,j} - u^*_{i-1/2,j}}{\Delta x} + \frac{u^*_{i,j+1/2} - u^*_{i,j-1/2}}{\Delta y} \right) \quad (5.17)$$

のように変更します。

このように、「$\nabla \cdot \boldsymbol{v}$」を計算するときに、「圧力格子点」を囲む隣り合う「格子点」の「速度」から求めることができるのです。

式(5.16)から「$p_{i,j}$」を求める式は、式(5.12)に同じく、

$$p_{i,j} = \frac{(\Delta x \Delta y)^2}{2((\Delta x)^2 + (\Delta y)^2)}\left(\frac{p_{i+1,j} + p_{i-1,j}}{(\Delta x)^2} + \frac{p_{i,j+1} + p_{i,j-1}}{(\Delta y)^2} - D_{i,j} \right) \quad (5.18)$$

となります。

第5章 「速度-圧力法」
Velocity-Pressure Method

次の「時間ステップ」の「速度」は、

$$u_{i-1/2,j}^{n+1} = u_{i-1/2,j}^{*} - \Delta t \frac{p_{i,j} - p_{i-1,j}}{\Delta x} \quad (5.19a)$$

$$v_{i,j-1/2}^{n+1} = v_{i,j-1/2}^{*} - \Delta t \frac{p_{i,j} - p_{i,j-1}}{\Delta y} \quad (5.19b)$$

のように計算できます。

このように、「∇p」の計算も、隣り合う「格子点」の「圧力」が使われています。

*

以上のように、「スタガード格子」を用いると、「整数でない格子番号」が使われます。
しかし、プログラムでは、「配列の添え字」に「整数以外」の数字を用いることができません。

本書では、

$$i-\frac{3}{2} \to I-1,\ i-\frac{1}{2} \to I,\ i+\frac{1}{2} \to I+1$$

$$j-\frac{3}{2} \to J-1,\ j-\frac{1}{2} \to J,\ j+\frac{1}{2} \to J+1$$

のように「整数化」してプログラミングしています。

「圧力」の「格子点番号」を「i, j」で表わしたとき、「x方向速度」(u)の「格子点番号」は「I, j」となり、「y方向速度」(v)の「格子点番号」は「i, J」となります。

5.1.3 境界条件

「速度-圧力法」では、「境界条件」として「速度」と「圧力」を与える必要があります。
「速度」は与えられた「速度」を直接用いることができます。
しかし、「スタガード格子」の場合は、「境界面」において「格子」をどのように配置すればよいでしょうか。

*

通常は、図5.2のように、「壁面に垂直な方向」の「速度」の「格子点」が、「壁面」と一致するようにします。

5.1 「速度-圧力法」の概要

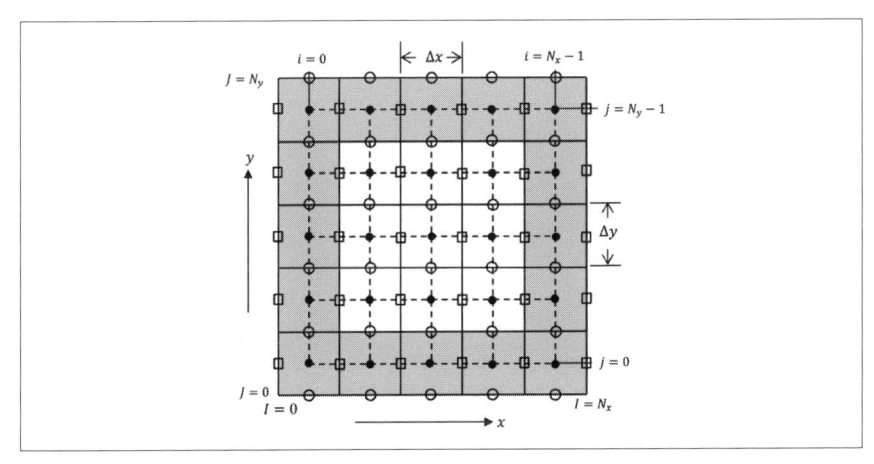

図5.2 境界を含むスタガード格子の格子点配置
スタガード格子では壁面側(灰色部分)にも格子点を必要とする。
破線は圧力格子線, 実線は速度格子線を示す。

この図は、四方が「壁」に囲まれた「キャビティ問題」の「格子配置」であり、「流体領域」(内部の「白色領域」)の「分割数」を「3」として示しています。

そして、「壁面領域」(灰色領域)にも「格子」を設定する必要があります。

「速度」の「x方向分割数」を「N_x」とし、「y方向分割数」を「N_y」としたとき、「壁面内部」の「格子点」を含めると、図5.2では「$N_x = N_y = 5$」です。

「破線」は「圧力格子線」を示し、「実線」は「速度格子線」を示します。

＊

図5.3は、「壁面」における「速度境界条件」の与え方を示しています。

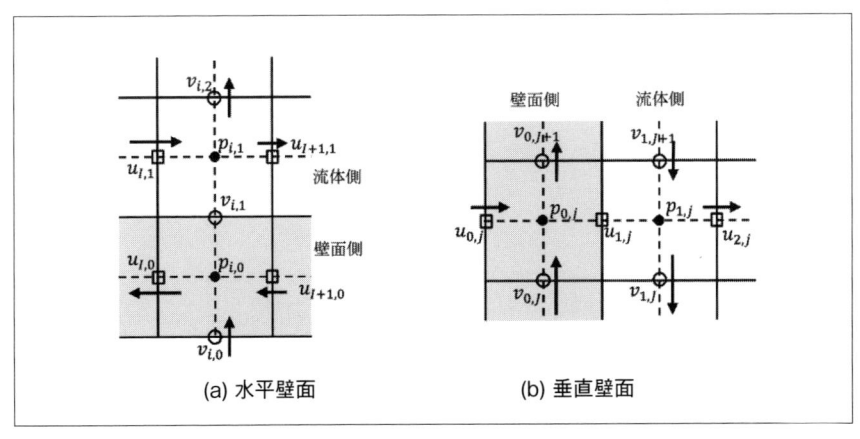

(a) 水平壁面　　　(b) 垂直壁面

図5.3 壁面における速度境界条件

第5章 「速度-圧力法」
Velocity-Pressure Method

(a)はx軸に平行な「下側壁面」を表わし、(b)はy軸に平行な「左側壁面」を表わしています。

以下に、「上側壁面」「右側壁面」に対する結果も示します。

「壁面」に「直交」する「速度成分」は、常に「壁面上」において「0」なので、

$$v_{i,1} = u_{1,j} = v_{i,N_y-1} = u_{N_x-1,j} = 0 \tag{5.20}$$

とします。

「壁面に平行」な「速度成分」は、「境界上」に「格子点」がないので、「壁面側」と「流体側」の隣り合う「速度の和」が「0」になるようにします。

すなわち、

$$u_{I,0} = -u_{I,1},\ v_{0,J} = -v_{1,J},\ u_{I,N_y-1} = -u_{I,N_y-2},\ v_{N_x-1,J} = -v_{N_x-2,J} \tag{5.21}$$

とします。

「キャビティ問題」の「上壁面」のように、「水平に移動する壁面」に対しては、「u_{I,N_y-1}」と「u_{I,N_y-2}」の平均値が、「壁面の速度」(U)に等しくします。

よって、

$$u_{I,N_y-1} = 2U - u_{I,N_y-2} \tag{5.22}$$

です。

「壁面」から離れた「格子点」の「壁面に直交」する「速度成分」は、「連続の式」が成り立つように決めます。

たとえば、(a)の「流体側」において、「$u_{I,1} > u_{I+1,1}$」ならば、「左側」から流入する量のほうが多いので、「$v_{i,2} > 0$」となります。

「壁面側」では、「左側」へ流出する量のほうが多いので、やはり「$v_{i,0} > 0$」です。

よって、

$$v_{i,0} = v_{i,2},\ u_{0,j} = u_{2,j},\ v_{i,N_y} = v_{i,N_y-2},\ u_{N_x,j} = u_{N_x-2,j} \tag{5.23}$$

とします。

「圧力」については、「壁面に直交」する方向の**式**(5.3)の「ナビエ=ストークスの方程式」に「速度の条件」を与えて決めます。

5.1 「速度-圧力法」の概要

図5.3(a)の「下側壁面」に対して、「ナビエ＝ストークスの方程式」の「y成分」は、

$$\frac{\partial v}{\partial t} + u\frac{\partial v}{\partial x} + v\frac{\partial v}{\partial y} = -\frac{\partial p}{\partial y} + \frac{1}{Re}\left(\frac{\partial^2 v}{\partial x^2} + \frac{\partial^2 v}{\partial y^2}\right)$$

です。

「境界」上で「$v = 0$」であり、「壁に水平方向」の「偏微分」($\partial v / \partial x$)も「0」として、「左辺」は「0」となり、「壁に直交する方向」の「2階偏微分」は、必ずしも「0」とはならないとして残します。

「右辺」を「差分近似」すると、

$$0 = -\frac{p_{i,1} - p_{i,0}}{\Delta y} + \frac{1}{Re}\frac{v_{i,0} - 2v_{i,1} + v_{i,2}}{(\Delta y)^2}$$

です。

ここで、「$v_{i,0} = v_{i,2}, v_{i,1} = 0$」なので、

$$p_{i,0} = p_{i,1} - \frac{1}{Re}\frac{2v_{i,0}}{\Delta y} \qquad (5.24a)$$

が得られます。

「上側壁面」では、

$$0 = -\frac{p_{i,N_y-1} - p_{i,N_y-2}}{\Delta y} + \frac{1}{Re}\frac{v_{i,N_y-2} - 2v_{i,N_y-1} + v_{i,N_y}}{(\Delta y)^2}$$

なので、

$$p_{i,N_y-1} = p_{i,N_y-2} + \frac{1}{Re}\frac{2v_{i,N_y}}{\Delta y} \qquad (5.24b)$$

となります。

同様に、「左側壁面」と「右側壁面」では、

$$p_{0,j} = p_{1,j} - \frac{1}{Re}\frac{2u_{0,j}}{\Delta x} \qquad (5.24c)$$

$$p_{N_x-1,j} = p_{N_x-2,j} + \frac{1}{Re}\frac{2u_{N_x,j}}{\Delta x} \qquad (5.24d)$$

です。

これらの「圧力」に対する「境界条件」は、「自然境界条件」(ノイマン型境界条件)です。

第5章 「速度-圧力法」
Velocity-Pressure Method

「ポアソン方程式」を解くうえで、「自然境界条件」は「繰り返しループ」の中で与える必要があり、「基本境界条件」(ディリクレ型境界条件)のときと比べて、計算時間が遅くなることが「速度-圧力法」の欠点です。

5.2 キャビティ問題

前節で述べた「境界条件」を用いて、**4.4節**でも取り上げた「キャビティ問題」を解いてみます。

*

「GL_CavityFS」は、「スタガード格子」を用いて、「フラクショナル・ステップ法」によって、「キャビティ問題」を解析するプロジェクトです。

「レギュラー格子」を用いた場合は、「圧力」に対する「境界条件」をすべての境界において、「自然境界条件」として「ポアソンの方程式」を解くと、「圧力」は一意に決まらず、時間経過とともに「大きな値」あるいは「小さな値」にどんどん変化していきます。

式(4.5)の「速度輸送方程式」は、前章のプロジェクトと同じように、「CIP法」で解いています。

「流れ関数-渦度法」のときは「渦度」に対する「輸送方程式」に「CIP法」を用いました。

「速度-圧力法」のときは、「x方向速度」(u)と「y方向速度」(v)に対し、2度「CIP法」の「計算ルーチン」(methodCIP())をコールします。

「スタガード格子」を用いたときは、「u」と「v」の「格子点」が異なるため、**式(5.15)**のように「最近傍の4点」の「平均値」を利用します。

リスト5.1に「計算ルーチン」(calculate)および(methodCIP())を示します。

リスト5.1 「GL_CavityFSのcalculate()」および「methodeCIP()ルーチン」

```
void calculate(float deltaT)
{
  int i, j;
  float error, maxError=0.0;
  float a, b, pp;

  //step2(速度の境界条件)
  //上下
  for (i = 0; i <= NX; i++)
  {
    velY[i][0] = velY[i][2];
    velY[i][1] = 0.0;
    velX[i][0] = - velX[i][1];
    //上境界の速度を1とする(平均値が1となる)
```

5.2 キャビティ問題

```
      velX[i][NY-1]= 2.0 - velX[i][NY-2];
      velY[i][NY] =  velY[i][NY-2];
      velY[i][NY-1] = 0.0;
  }
  //左右
  for (j = 0; j <= NY; j++)
  {
      velX[0][j] = velX[2][j];
      velX[1][j] = 0.0;
      velY[0][j] = - velY[1][j];

      velX[NX][j] =   velX[NX-2][j];
      velX[NX-1][j] = 0.0;
      velY[NX-1][j] = -velY[NX-2][j];
  }

  //step3(CIPによる速度輸送方程式)
  float vel[NUM_MAX][NUM_MAX];
  //x方向速度定義点における速度
  for(i = 1; i < NX; i++)
    for(j = 1; j < NY; j++)
      vel[i][j] = (velY[i-1][j] + velY[i][j] + velY[i-1][j+1]
+ velY[i][j+1]) / 4.0;

  methodCIP(velX, velXgx, velXgy, velX, vel);
  //y成分
  //y方向速度定義点における速度
  for(i = 1; i < NX; i++)
    for(j = 1; j < NY; j++)
      vel[i][j] = (velX[i][j] + velX[i][j-1] + velX[i+1][j-1]
+ velX[i+1][j]) / 4.0;

  methodCIP(velY, velYgx, velYgy, vel, velY);

  //step4(Poisson方程式の解)
  //Poisson方程式の右辺
  float D[NUM_MAX][NUM_MAX];
  for (j = 1; j < NY-1; j++)
    for (i = 1; i < NX-1; i++)
    {
      a = (velX[i+1][j] - velX[i][j]) / DX;
      b = (velY[i][j+1] - velY[i][j]) / DY;
      D[i][j] = A3 * (a + b) / deltaT;
    }

  //反復法
  int cnt = 0;
  while (cnt < iteration)
  {
    maxError = 0.0;
    //圧力境界値
    for (j = 1; j < NY; j++) {
      Prs[0][j] = Prs[1][j] - 2.0 * velX[0][j] / (DX * Re);//左端
```

第5章 「速度-圧力法」
Velocity-Pressure Method

```
      Prs[NX-1][j] = Prs[NX-2][j] + 2.0 * velX[NX][j] / (DX * Re);//右端
    }
    for (i = 1; i < NX; i++){
      Prs[i][0] = Prs[i][1] - 2.0 * velY[i][0] / (DY * Re)
;//下端
      Prs[i][NY-1] = Prs[i][NY-2] + 2.0 * velY[i][NY] / (DY *
Re);//上端
    }

    for (j = 1; j < NY-1; j++)
      for (i = 1; i < NX-1; i++)
      {
        pp = A1 * (Prs[i+1][j] + Prs[i-1][j]) + A2 * (Prs[i][j+1]
+ Prs[i][j-1]) - D[i][j];
        error = fabs(pp -  Prs[i][j]);
        if (error > maxError) maxError = error;
        Prs[i][j] = pp;//更新
      }
    if (maxError < tolerance) break;
    cnt++;
  }
  if(flagParameter) drawParam("cnt=%d", cnt, 0.5, 0.8);

  //step5(スタガード格子点の速度ベクトルの更新)
  for (j = 1; j < NY-1; j++)
    for(i = 2; i < NX-1; i++)
    {
      velX[i][j] += - deltaT * (Prs[i][j] - Prs[i-1][j]) / DX;
    }
  for(j = 2; j < NY-1; j++)
    for(i = 1; i < NX-1; i++)
    {
      velY[i][j] += - deltaT * (Prs[i][j] - Prs[i][j-1]) / DY;
    }

  //表示のための速度は圧力と同じ位置で
  for(j = 1; j <= NY-2; j++)
    for(i = 1; i <= NX-2; i++)
    {
      Vel[i][j].x = (velX[i][j] + velX[i+1][j]) / 2.0;
      Vel[i][j].y = (velY[i][j] + velY[i][j+1]) / 2.0;
    }

  //Psi
  for(j = 0; j < NY-1; j++)
  {
    Psi[0][j] = 0.0;
    for (i = 1; i <= NX-1; i++)
      Psi[i][j] = Psi[i-1][j] - DX * (velY[i-1][j] + velY[i]
[j]) / 2.0;
  }
  //Omega
```

5.2 キャビティ問題

```c
  for(i = 1; i <= NX-1; i++)
    for (j = 1; j <= NY-1; j++)
    {
       Omg[i][j] = 0.5 * ((Vel[i+1][j].y - Vel[i-1][j].y) / DX
- (Vel[i][j+1].x - Vel[i][j-1].x) / DY);
    }

  //流れ関数、圧力の最大値・最小値
  for(i = 1; i < NX-1; i++)
    for(j = 1; j < NY-1; j++)
    {
      if(Psi[i][j] > maxPsi0) maxPsi0 = Psi[i][j];
      if(Psi[i][j] < minPsi0) minPsi0 = Psi[i][j];
      if(Prs[i][j] > maxPrs0) maxPrs0 = Prs[i][j];
      if(Prs[i][j] < minPrs0) minPrs0 = Prs[i][j];
      if(Omg[i][j] > maxOmg0) maxOmg0 = Omg[i][j];
      if(Omg[i][j] < minOmg0) minOmg0 = Omg[i][j];
    }

  printf("maxPrs=%f minPrs=%f \n", maxPrs0, minPrs0);
  printf("maxPsi=%f minPsi=%f \n", maxPsi0, minPsi0);
  printf("maxOmg=%f minOmg=%f \n", maxOmg0, minOmg0);
}

void methodCIP(float f[][NUM_MAX], float gx[][NUM_MAX], float gy[][NUM_MAX], float vx[][NUM_MAX], float vy[][NUM_MAX])
{
  float newF[NUM_MAX][NUM_MAX];//関数
  float newGx[NUM_MAX][NUM_MAX];//x方向微分
  float newGy[NUM_MAX][NUM_MAX];//y方向微分
  float c11, c12, c21, c02, c30, c20, c03, a, b, sx, sy, x, y, dx, dy, dx2, dy2, dx3, dy3;

  int i, j, ip, jp;
  for(i = 1; i < NX; i++)
    for(j = 1; j < NY; j++)
    {
      if(vx[i][j] >= 0.0) sx = 1.0; else sx = -1.0;
      if(vy[i][j] >= 0.0) sy = 1.0; else sy = -1.0;

      x = - vx[i][j] * deltaT;
      y = - vy[i][j] * deltaT;
      ip = i - (int)sx;//上流点
      jp = j - (int)sy;
      dx = sx * rect.delta.x;
      dy = sy * rect.delta.y;
      dx2 = dx * dx;
      dy2 = dy * dy;
      dx3 = dx2 * dx;
      dy3 = dy2 * dy;
```

第5章 「速度-圧力法」
Velocity-Pressure Method

```
        c30 = ((gx[ip][j] + gx[i][j]) * dx - 2.0 * (f[i][j] -
f[ip][j])) / dx3;
        c20 = (3.0 * (f[ip][j] - f[i][j]) + (gx[ip][j] + 2.0 *
gx[i][j]) * dx) / dx2;
        c03 = ((gy[i][jp] + gy[i][j]) * dy - 2.0 * (f[i][j] -
f[i][jp])) / dy3;
        c02 = (3.0 * (f[i][jp] - f[i][j]) + (gy[i][jp] + 2.0 *
gy[i][j]) * dy) / dy2;
        a = f[i][j] - f[i][jp] - f[ip][j] + f[ip][jp];
        b = gy[ip][j] - gy[i][j];
        c12 = (-a - b * dy) / (dx * dy2);
        c21 = (-a - (gx[i][jp] - gx[i][j]) * dx) / (dx2*dy);
        c11 = -b / dx + c21 * dx;

        newF[i][j] = f[i][j] + ((c30 * x + c21 * y + c20) * x
+ c11 * y + gx[i][j]) * x+ ((c03 * y + c12 * x + c02) * y +
gy[i][j]) * y;

        newGx[i][j] = gx[i][j] + (3.0 * c30 * x + 2.0 * (c21 *
y + c20)) * x + (c12 * y + c11) * y;
        newGy[i][j] = gy[i][j] + (3.0 * c03 * y + 2.0 * (c12 *
x + c02)) * y + (c21 * x + c11) * x;

        //粘性項に中央差分
        newF[i][j] += deltaT * ( (f[i-1][j] + f[i+1][j] - 2.0 *
f[i][j]) / dx2 + (f[i][j-1] + f[i][j+1] - 2.0 * f[i][j]) / dy2
) / Re;
      }

    //更新
    for(j = 1; j < NY; j++)
      for(i = 1; i < NX; i++)
      {
        f[i][j] = newF[i][j];
        gx[i][j] = newGx[i][j];
        gy[i][j] = newGy[i][j];
      }
}
```

「流体領域」の「分割数」が「50×50」で「レイノルズ数」($Re = 50$)のときの結果を、以下に示します。

*

図5.4は充分に時間が経過し、「定常状態」になったときの「圧力等高線」です。

5.2 キャビティ問題

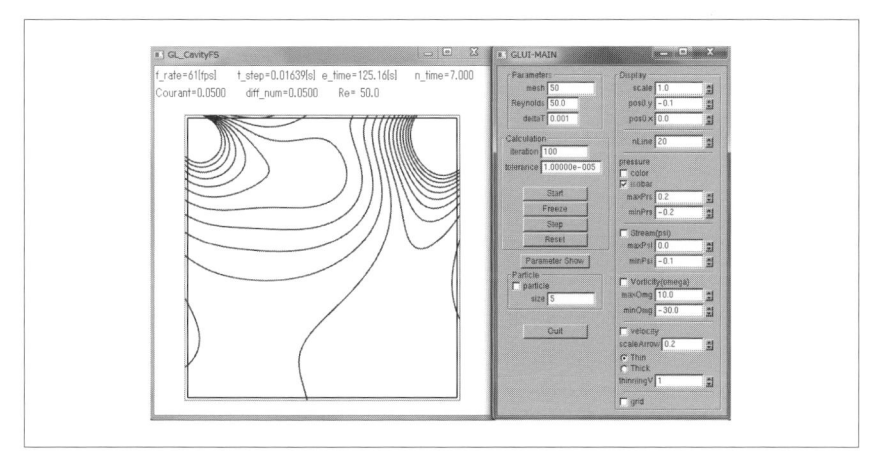

図5.4　速度-圧力法の実行例1（GL_CavityFS）
レイノルズ数「$Re = 50$」のときの圧力等高線。

「太い枠線」は実際の「壁境界」を、「細い枠線」は「壁の中」に設定した「圧力格子点の領域」を示しています。

式(5.24)の「右辺」第2項を省略した「自然境界条件」を使うと、「圧力等高線」は「境界に直交」するようになります。

図5.5(a)に「圧力」の「カラー表示」と「速度ベクトル」を示します。

「上の壁」が「右方向」に移動するので、「左上」が「低圧」に、「右上」が「高圧」になっています。

「速度」は「圧力」と同じ「格子点」で示しており、「間引き間隔」は「2」です。

このプロジェクトでは4章の「流れ関数-渦度法」のプロジェクト「GL_CavityPsiOmega」の結果と比較するために、「流れ関数」の定義のひとつ「$v = -\partial \psi / \partial x$」を利用し、

$$\psi = -\int_0^x v dx \qquad (5.25)$$

から「流れ関数」を求め、「渦度」の定義式、

$$\omega = \frac{\partial v}{\partial x} - \frac{\partial u}{\partial y} \qquad (5.26)$$

から「渦度」を求めています。

結果を図5.5(b)に示します。

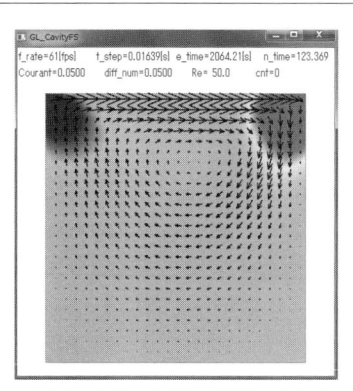

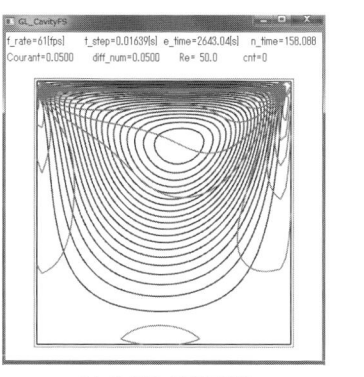

第5章 「速度-圧力法」
Velocity-Pressure Method

(a) 圧力カラー表示と速度ベクトル　　(b) 流線と等渦度線

図5.5　速度-圧力法の実行例2（GL_CavityFS）

レイノルズ数「$Re = 50$」のときの「圧力カラー表示」「速度ベクトル」「流線」「等渦度線」

4章の図4.9によく似ています。

図5.6に「$Re = 500$」と「$Re = 5000$」のときの「流線」と「速度ベクトル」を示します。

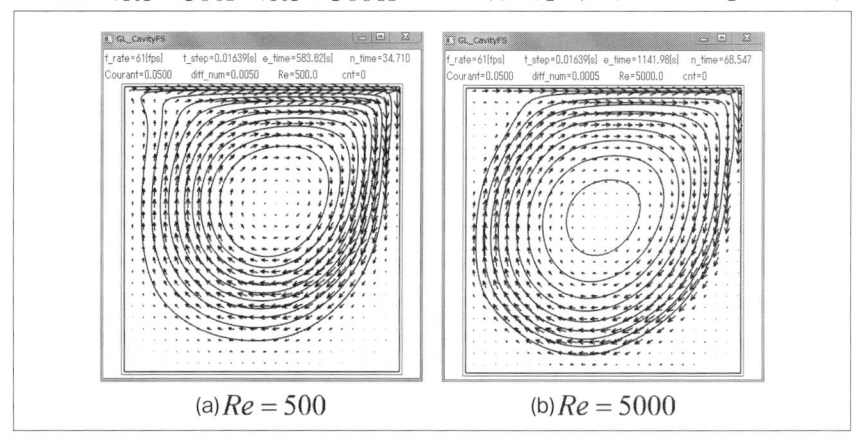

(a) $Re = 500$　　(b) $Re = 5000$

図5.6　速度-圧力法の実行例3（GL_CavityFS）
レイノルズ数による「流線」と「速度ベクトル」の違い。

どちらも大きな違いは見られません。

しかし、「$Re = 5000$」の結果は、「流れ関数-渦度法」の結果（**図4.10(b)**）とは大きく異なっています。

5.2 キャビティ問題

図5.7は「$Re=1000$」のときの「圧力カラー表示」と「速度ベクトル」の「時間経過」を示しています。

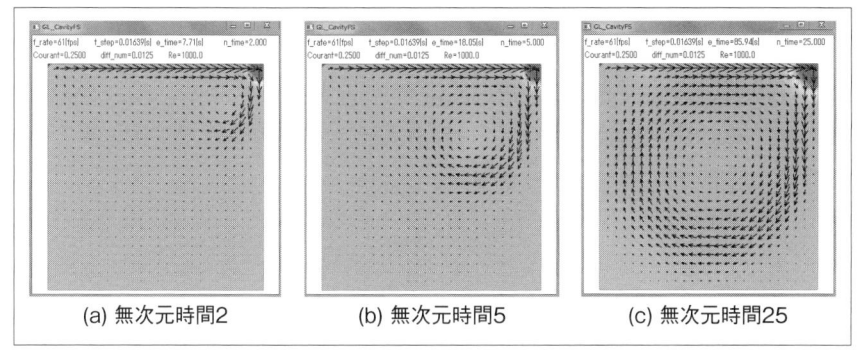

(a) 無次元時間2　　(b) 無次元時間5　　(c) 無次元時間25

図5.7　速度-圧力法の実行例4（GL_CavityFS）
「圧力カラー表示」と「速度ベクトル」の時間経過（$Re=1000$）

初期段階で「渦」は、「右上」に発生し、徐々に「中心部」に移動します。

「レイノルズ数」が高くなると、複数の「渦」が発生し、「定常状態」になるまで長い時間を要するようになります。

図5.8に「$Re=10000$」のときの「圧力カラー表示」と「流線」の「時間経過」を示します。

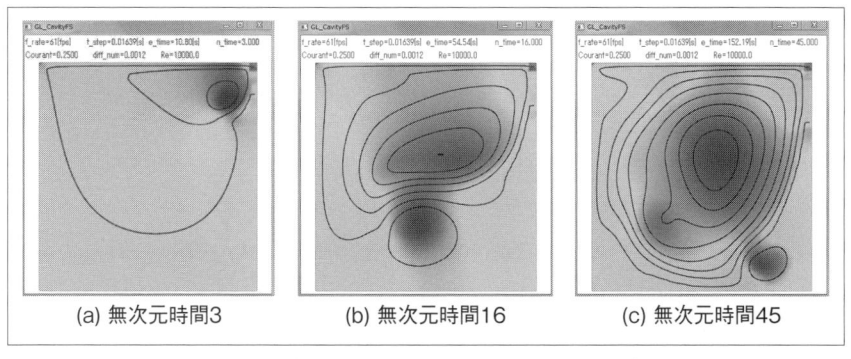

(a) 無次元時間3　　(b) 無次元時間16　　(c) 無次元時間45

図5.8　速度-圧力法の実行例5（GL_CavityFS）
「圧力カラー表示」と「流線」の時間経過（$Re=10000$）

このときは、「1000無次元時間」を超えても定常状態にならず、絶えず変化しています。

第5章 「速度-圧力法」
Velocity-Pressure Method

5.3 「平行平板ダクト」の「流れ」

「2次元ダクト内」に「障害物」が存在するときの、「流れ」を解析します。

*

「流れ関数-渦度法」では、「障害物表面」上の「流れ関数」を「境界」上として必要としますが、「障害物」の「流れ関数」を正確に求めることは、非常に面倒です。

*

「速度-圧力法」では、「障害物境界」において「速度」を「0」とする「基本境界条件」を、「圧力」に対しては、「自然境界条件」を与えるだけで解くことが可能です。

図5.9に「障害物」を含む「ダクト問題」に対する「境界条件」を示します。

境界条件:
- 左端: $u=1$, $v=0$, $\dfrac{\partial p}{\partial x}=0$
- 障害物: $u=v=0$, $\dfrac{\partial p}{\partial n}=0$
- 右端: $u=1$ or $\dfrac{\partial u}{\partial x}=0$, $v=0$ or $\dfrac{\partial v}{\partial x}=0$, $p=0$ or $\dfrac{\partial p}{\partial x}=0$

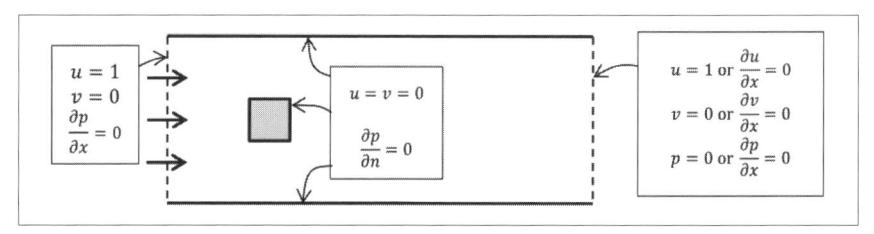

図5.9　障害物を含むダクト問題の境界条件

5.3.1 「レギュラー格子」に対する「境界条件」

図5.9の「左端」は「ダクト流入口」であり、「x方向速度」は「$u=1$」、「y方向速度」は「$v=0$」とします。

同じように、「右端」の「流出口」に対しても、この「基本境界条件」を使うか、「自然境界条件」($\partial u/\partial x=0, \partial v/\partial x=0$)を使います。

どちらを用いても、同じような結果を得ることができます。

「圧力」の「境界条件」は、「ポアソンの方程式」を解くための「境界条件」であり、「キャビティ問題」と同様に、「レギュラー格子」に対しては、すべて「自然境界条件」を与えると、「時間」とともに「圧力」はどんどん変化していきます。

これから述べるプロジェクトでは、「流出口」に対してだけ、「基本境界条件」($p=0$)を与えています。

5.3.2 「スタガード格子」に対する「境界条件」

「スタガード格子」に対しては、5.1.3項で述べた「境界条件」を使います。

「速度」に対しては、「壁面に直交」する「速度成分」に対し、「壁面」上の値を与える必要があり、「流入口」および「流出口」に対し、「$u=1$」としています。

5.3 「平行平板ダクト」の「流れ」

すなわち、

$$u_{1,j} = u_{N_x-1,j} = 1 \tag{5.27}$$

です。

「上端」と「下端」の「壁面」に対しては、5.1.3項を参照してください。

図5.10は「障害物」に対する、「スタガード格子点」の配置を示しています。

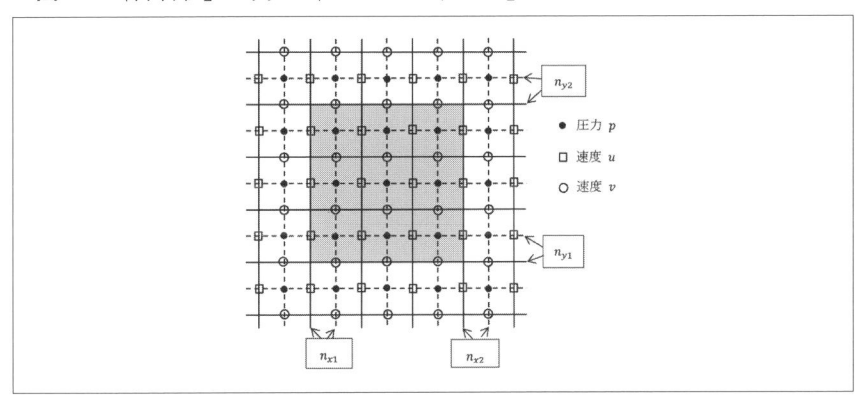

図5.10　障害物に対するスタガード格子の配置

障害物（灰色部分）の左端と右端は速度「u」の格子線が、
下端と上端は速度「v」の格子線が一致するように決める。

「障害物」の「境界」が「速度格子線」に一致するように、「障害物」の「位置」および「サイズ」を決めておきます。

「障害物」の「左端」と「右端」は、「速度」(u)の「格子線」が一致し、「下端」と「上端」は「速度」(v)の「格子線」が一致するようにします。

「左端」「右端」「下端」「上端」の「格子線番号」を、それぞれ、「$nx1$」「$nx2$」「$ny1$」「$ny2$」としたとき、「障害物」の「左端」および「右端」の「速度境界条件」は、

$$u_{nx1+1,j} = u_{nx1-1,j}, \quad u_{nx1,j} = 0, \quad v_{nx1,j} = -v_{nx1-1,j} \tag{5.28a}$$

$$u_{nx2-1,j} = u_{nx2+1,j}, \quad u_{nx2,j} = 0, \quad v_{nx2-1,j} = -v_{nx2,j} \tag{5.28b}$$

となります。

同じように、「障害物」の「下端」および「上端」に対しては、

$$u_{i,ny1+1} = -u_{i,ny1}, \quad v_{i,ny1+1} = v_{i,ny1-1}, \quad v_{i,ny1} = 0.0 \tag{5.28c}$$

$$u_{i,ny2} = -u_{i,ny2+1}, \quad v_{i,ny2-1} = v_{i,ny2+1}, \quad v_{i,ny2} = 0.0 \tag{5.28d}$$

です。

第5章 「速度-圧力法」
Velocity-Pressure Method

「キャビティ問題」と同じように、「圧力」に対する「境界条件」は、すべて「自然境界条件」として解くことができます。

図5.10に示すように、「速度格子線」と同じ番号の「圧力格子線」は半格子ぶんだけ「右側」か「上側」にズレた位置にあります。

「障害物」の「左端」と「右端」に対する「自然境界条件」は、

$$p_{nx1,j} = p_{nx1-1,j}, \quad p_{nx2-1,j} = p_{nx2,j} \tag{5.29a}$$

であり、「下端」と「上端」に対しては、

$$p_{i,ny1} = p_{i,ny1-1}, \quad p_{i,ny2-1} = p_{i,ny2} \tag{5.29b}$$

です。

さらに、「左下」「左上」の「角点」に対しては、

$$p_{nx1,ny1} = p_{nx1-1,ny1-1}, \quad p_{nx1,ny2-1} = p_{nx1-1,ny2} \tag{5.29c}$$

「右下」「右上」の「角点」に対しては、

$$p_{nx2-1,ny1} = p_{nx2,ny1-1}, \quad p_{nx2-1,ny2-1} = p_{nx2,ny2} \tag{5.29d}$$

です。

なお、プログラムでは、「$u_{i,j}, v_{i,j}, p_{i,j}$」を、それぞれ「velX [i] [j], velY [i] [j], Prs [i] [j]」で表わしており、「$nx1, ny1, nx2, ny2$」をそれぞれ「NX1, NY1, NX2, NY2」としています。

5.3.3 実行例

「CPU側」だけでプログラミングしたプロジェクトには、「レギュラー格子」を用いたものと「スタガード格子」を用いたものがあります。

どちらも、「ダクトのサイズ」は「2×1」です。

(1)「レギュラー格子」によるプロジェクト

「レギュラー格子」を用いたプロジェクトには、「障害物」が「1個」の場合と「2個」の場合があります。

≪「障害物」が「1個」のプロジェクト≫

「GL_DuctFS1_1」は、「障害物」が「1個」のプロジェクトです。

5.3 「平行平板ダクト」の「流れ」

　このプロジェクトでは、「障害物」の「y方向」の位置(下の壁面からの距離)を、「GLUIウィンドウ」の「[obs_posY]エディットボックス」で変更できます。

　前章の「流れ関数‐渦度法」と同じく、「障害物」の大きいほうが「カルマン渦」は発生しやすくなります。

　「障害物サイズ」が「0.12×0.12」のとき、「$Re = 400$以上」で発生します(「流れ関数‐渦度法」のプロジェクト「GL_DuctPsiOmega1」では「600以上」でした)。

　図5.11に「GL_DuctFS1_1」の実行例を示します(「$Re = 1000$」「無次元時間(20)」)。

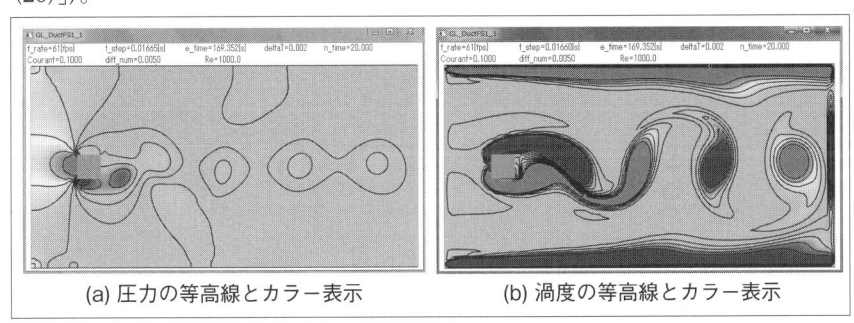

(a) 圧力の等高線とカラー表示　　(b) 渦度の等高線とカラー表示

図5.11　障害物1個のときの実行例1 (GL_DuctFS1_1)

　(a)は「圧力」の「等高線」と、その「カラー表示」です。

　「圧力の高い部分」を「赤」、低い部分を「青」で示しています。

　「カルマン渦」の部分はすべて「青」になっています。

　(b)は、式(5.26)で求めた「渦度」の「等高線」と、その「カラー表示」であり、「カルマン渦」は、交互に「赤」と「青」の塊となって、「下流」側に流れていきます。

　図5.12には「障害物の高さ」による「カルマン渦」の違いを示しています。

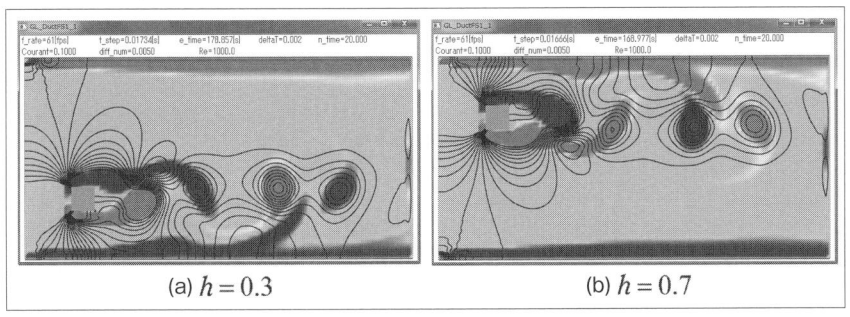

(a) $h = 0.3$　　(b) $h = 0.7$

図5.12　障害物が1個のときの実行例2 (GL_DuctFS1_1)
障害物の高さを変えたときのパターンを圧力等高線と渦度のカラー表示で示す。

第5章 「速度-圧力法」
Velocity-Pressure Method

(a)と(b)は、中心軸に対して対称の位置にあり、「経過時間」が同じであれば、パターンは完全に「対称」であり、色は「赤」と「青」が入れ替わった「カルマン渦」になっています。

≪「障害物」が「2個」のプロジェクト≫
「GL_DuctFS1_2」は「障害物」を「2個」含むプロジェクトです。

「障害物」は、中心軸に対して「対称」の位置に置かれており、それらの間隔は「GLUIウィンドウ」の「エディットボックス[dist]」によって変更できます。
図5.13に「GL_DuctFS1_2」の実行例を示します。

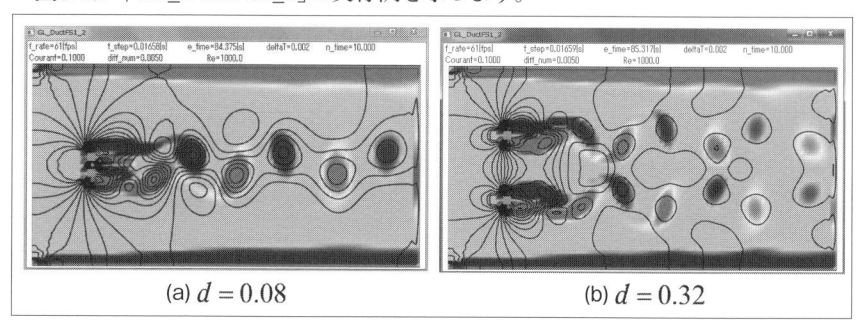

(a) $d = 0.08$　　　(b) $d = 0.32$

図5.13　障害物2個のときの実行例（GL_DuctFS1_2）
2個の障害物間隔が短いときは、1個のときの「カルマン渦」に近づく。
間隔を長くするとそれぞれ1個のときのパターンが2組現れる。
しかし、形状は中心軸に対し対称となり、渦度の色が反転している。

「$Re = 1000$」で「2個」の「障害物のサイズ」は、どちらも「0.04×0.04」であり、「圧力等高線」と「渦度」の「カラー表示」で示しています。

「障害物」間の「距離」(d)が短いときは、(a)のように、大きな「赤」と「青」の「渦」が交互に現われ、「障害物」が「1個」のときの「カルマン渦」に近づきます。

「距離」(d)を長くすると、(b)のように「障害物」が「単独」で存在するときのパターンが「2組」現われます。

やはり、パターンは中心軸に対して「対称」であり、「渦度の色」は「赤」と「青」がペアとなった「カルマン渦」になります。

(2)「スタガード格子」によるプロジェクト

「スタガード格子」を用いたプロジェクトは、前項で述べたように、「境界条件」の与え方が複雑であり、「障害物」は「1個」だけとしています。

「スタガード格子」を用いると、「レイノルズ数」が「300以上」で、「カルマン渦」が発生します。

5.3 「平行平板ダクト」の「流れ」

図5.14に「$Re = 500$」のときの実行例を示します。

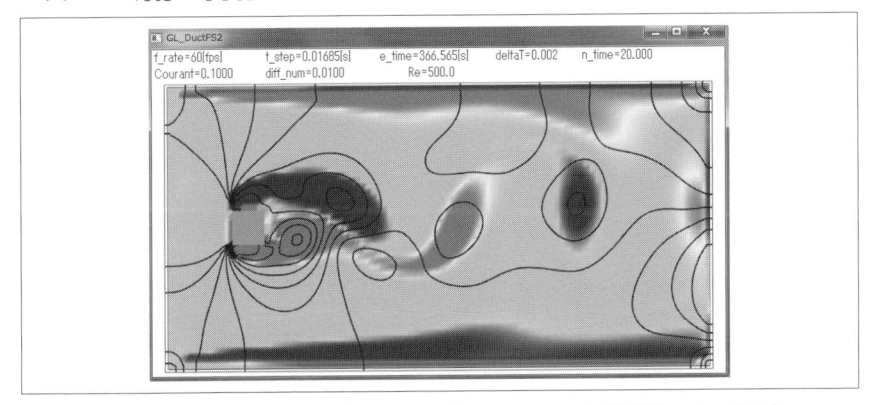

図5.14 「スタガード格子」を用いたプロジェクトの実行例（GL_DuctFS2）
「圧力等高線」と「渦度カラー表示」。「圧力等高線」は流出口の境界でも直交している。

「カルマン渦」のパターンは、「レギュラー格子」を用いたプロジェクトと、大差ありません。

「スタガード格子」を用いると、すべての「境界」に対して「自然境界条件」を用いることができ、「圧力格子線」は「流出口」においても、「境界に直交」しています。
なお、外側の細い枠線は「圧力格子点」の「境界枠」です。

(3) GPGPUプロジェクト

「CPU」だけによるプロジェクトによって、「レギュラー格子」でも「スタガード格子」でも、大差ない「カルマン渦」を作れたので、「GPGPU」を利用したプロジェクトでは、「境界条件」を与えることが簡単な、「レギュラー格子」だけを使っています。

「2次元」の「速度-圧力法」で使われる「物理量」は、「速度」の「x成分」「y成分」と、「圧力」です。

「GPU側」において、「速度」の「輸送方程式」を「CIP法」で解くので、「速度」の「x成分」と「y成分」に対して、それぞれ「x方向微分」および「y方向微分」も使われます。

そのほかに、「圧力」と「表示用渦度」を計算するので、「CPU側」では「1格子」当たり「8個」の「float型メモリ」を必要とします。

以下のプロジェクトでは、「物理量配列」として、「velX []」および「velY []」を、それぞれ4個ぶんの「float型メモリ」として確保しています。

「GPU側」では、「velX.r」と「velY.r」を、「速度」の「x成分」「y成分」としています。

第5章 「速度-圧力法」
Velocity-Pressure Method

「velX.g」「velX.b」は、それぞれ速度「x成分」の「x方向微分」および「y方向微分」で、「velY.g」「velY.b」は速度「y成分」の「x方向微分」および「y方向微分」です。

また、「velX.a」を「圧力」、「velY.a」を「表示用渦度」として利用しています。

「GP_DuctFS1_1」「GP_DuctFS1_2」「GP_DuctFS1_3」は、「障害物個数」がそれぞれ「1、2、3個」のプロジェクトです。

これらのプロジェクトは、「ダクトのサイズ」が「20×10」、「格子分割数」が「200×100」です。

「GPU側」の「数値計算」は、「calcVelocityX.frag」および「calcVelocityY.frag」で行なっており、「simulation.vert」は、これら「フラグメント・シェーダ」に対する「頂点シェーダ」です。

リスト5.2に「calcVelocityX.frag」、リスト5.3に「calcVelocityY.frag」を示します。

リスト5.2　calcVelocityX.frag

```
const float pi = 3.14159265;
#extension GL_ARB_texture_rectangle: enable
uniform sampler2DRect samplerVelX;
uniform sampler2DRect samplerVelY;
uniform int texWidth, texHeight;
uniform float deltaT, DX, DY, Re;

varying vec2 texPos;

void main(void)
{
  //CIP法で速度velXを計算
  int NX = texWidth - 1;//x方向分割数
  int NY = texHeight -1;//y方向分割数

  float velX = texture2DRect(samplerVelX, texPos).r;
  float velY = texture2DRect(samplerVelY, texPos).r;
  float f = velX;
  float gx  = texture2DRect(samplerVelX, texPos).g;//注目点の速度のx微分
  float gy  = texture2DRect(samplerVelX, texPos).b;//注目点の速度のy微分

  float c11, c12, c21, c02, c30, c20, c03, a, b, sx, sy, x, y, dx, dy, dx2, dy2, dx3, dy3;
  float f_iup, f_jup, f_iup_jup, gx_iup, gx_jup, gy_iup, gy_jup;
  int i, j, im, ip, jm, jp;

  i = int(texPos.x);
  j = int(texPos.y);
```

5.3 「平行平板ダクト」の「流れ」

```
if(i > 0 && i < NX && j > 0 && j < NY)
{
  if(velX >= 0.0) sx = 1.0; else sx = -1.0;
  if(velY >= 0.0) sy = 1.0; else sy = -1.0;

  x = - velX * deltaT;
  y = - velY * deltaT;
  f_iup = texture2DRect(samplerVelX, texPos + vec2(-sx, 0.0)).r;//x方向風上点の速度
  f_jup = texture2DRect(samplerVelX, texPos + vec2( 0.0,-sy)).r;//y方向風上点の速度
  f_iup_jup = texture2DRect(samplerVelX, texPos + vec2(-sx,-sy)).r;//xy方向風上点の速度
  gx_iup = texture2DRect(samplerVelX, texPos + vec2(-sx, 0.0)).g;
  gx_jup = texture2DRect(samplerVelX, texPos + vec2( 0.0,-sy)).g;
  gy_iup = texture2DRect(samplerVelX, texPos + vec2(-sx, 0.0)).b;
  gy_jup = texture2DRect(samplerVelX, texPos + vec2( 0.0,-sy)).b;

  dx = sx * DX;
  dy = sy * DY;
  dx2 = dx * dx;
  dy2 = dy * dy;
  dx3 = dx2 * dx;
  dy3 = dy2 * dy;

  c30 = ((gx_iup + gx) * dx - 2.0 * (f - f_iup) ) / dx3;
  c20 = (3.0 * (f_iup - f)  + (gx_iup + 2.0 * gx) * dx) / dx2;
  c03 = ((gy_jup + gy) * dy - 2.0 * (f - f_jup) ) / dy3;
  c02 = (3.0 * (f_jup - f) + (gy_jup + 2.0 * gy) * dy) / dy2;
  a = ( f - f_jup - f_iup + f_iup_jup) ;
  b = gy_iup - gy;
  c12 = (- a - b * dy) / (dx * dy2);
  c21 = (- a - (gx_jup - gx) * dx) / (dx2*dy);
  c11 = -b / dx + c21 * dx;

  f += ( ((c30 * x + c21 * y + c20) * x + c11 * y + gx) * x
       + ((c03 * y + c12 * x + c02) * y + gy) * y ) ;

  gx += ((3.0 * c30 * x + 2.0 * (c21 * y + c20)) * x + (c12
       * y + c11) * y);
  gy += ((3.0 * c03 * y + 2.0 * (c12 * x + c02)) * y + (c21
       * x + c11) * x);

  //粘性項に中央差分
  int ip = i+1, im = i-1, jp = j+1, jm = j-1;
```

第5章 「速度-圧力法」
Velocity-Pressure Method

```glsl
    float f_ip, f_im, f_jp, f_jm;
    f_im = texture2DRect(samplerVelX, texPos + vec2(-1.0, 0.0)).r;
    f_ip = texture2DRect(samplerVelX, texPos + vec2(1.0, 0.0)).r;
    f_jm = texture2DRect(samplerVelX, texPos + vec2(0.0, -1.0)).r;
    f_jp = texture2DRect(samplerVelX, texPos + vec2(0.0, 1.0)).r;

    f += deltaT * ( (f_im + f_ip - 2.0 * f) / dx2 + (f_jm + f_jp - 2.0 * f) / dy2 ) / Re;
}
//---------------------------------------------------------
//圧力をポアソン方程式で計算
    float prs = texture2DRect(samplerVelX, texPos).a;//圧力
    float A1 = 0.5 * DY*DY / (DX*DX + DY*DY);
    float A2 = 0.5 * DX*DX / (DX*DX + DY*DY);
    float A3 = 0.25 * DY*DY / (1.0 + DY*DY / (DX*DX));

    float prs_im, prs_ip, prs_jm, prs_jp;//隣接格子点の圧力
    float vx_im, vx_ip, vy_jm, vy_jp;//速度

    prs_im = texture2DRect(samplerVelX, texPos + vec2(-1.0, 0.0)).a;
    prs_ip = texture2DRect(samplerVelX, texPos + vec2( 1.0, 0.0)).a;
    prs_jm = texture2DRect(samplerVelX, texPos + vec2( 0.0,-1.0)).a;
    prs_jp = texture2DRect(samplerVelX, texPos + vec2( 0.0, 1.0)).a;
    vx_im = texture2DRect(samplerVelX, texPos + vec2(-1.0, 0.0)).r;
    vx_ip = texture2DRect(samplerVelX, texPos + vec2( 1.0, 0.0)).r;
    vy_jm = texture2DRect(samplerVelY, texPos + vec2( 0.0,-1.0)).r;
    vy_jp = texture2DRect(samplerVelY, texPos + vec2( 0.0, 1.0)).r;

    float d;
//簡略化したポアソンの方程式の解
    if(i > 0 && i < NX && j > 0 && j < NY)
    {
        d = A3 * ( (vx_ip - vx_im)/DX + (vy_jp - vy_jm)/DY ) / deltaT;
        prs = A1 * ( prs_im + prs_ip) + A2 * (prs_jm + prs_jp) - d;
    }

//速度ベクトルの更新
    velX = f - 0.5 * deltaT * (prs_ip - prs_im) / DX;

    vec4 vel = vec4(velX, gx, gy, prs);

    gl_FragColor = vel;
}
```

リスト5.3　calcVelocityY.frag

```glsl
//const float pi = 3.14159265;
#extension GL_ARB_texture_rectangle: enable
uniform sampler2DRect samplerVelX;
uniform sampler2DRect samplerVelY;
uniform int texWidth;
uniform int texHeight;
```

5.3 「平行平板ダクト」の「流れ」

```glsl
uniform float deltaT, DX, DY, Re;

varying vec2 texPos;

void main(void)
{
  //CIP法で速度velXを計算
  int NX = texWidth - 1;//x方向分割数
  int NY = texHeight -1;//y方向分割数

  float velX = texture2DRect(samplerVelX, texPos).r;
  float velY = texture2DRect(samplerVelY, texPos).r;
  float f = velY;
  float gx  = texture2DRect(samplerVelY, texPos).g;//注目点の速度のx微分
  float gy  = texture2DRect(samplerVelY, texPos).b;//注目点の速度のy微分

  float c11, c12, c21, c02, c30, c20, c03, a, b, sx, sy, x, y, dx, dy, dx2, dy2, dx3, dy3;
  float f_iup, f_jup, f_iup_jup, gx_iup, gx_jup, gy_iup, gy_jup;
  int i, j, im, ip, jm, jp;

  i = int(texPos.x);
  j = int(texPos.y);

  if(i > 0 && i < NX && j > 0 && j < NY)
  {
//略(リスト5.2参照)
  }
  //-----------------------------------------------------------
  //速度ベクトルの更新
  float prs_jp = texture2DRect(samplerVelX, texPos + vec2(0.0, 1.0)).a;
  float prs_jm = texture2DRect(samplerVelX, texPos + vec2(0.0,-1.0)).a;
  velY = f - 0.5 * deltaT * (prs_jp - prs_jm) / DY;

  //渦度の計算(表示用)
  float vy_im = texture2DRect(samplerVelY, texPos + vec2(-1.0, 0.0)).r;
  float vy_ip = texture2DRect(samplerVelY, texPos + vec2( 1.0, 0.0)).r;
  float vx_jm = texture2DRect(samplerVelX, texPos + vec2( 0.0,-1.0)).r;
  float vx_jp = texture2DRect(samplerVelX, texPos + vec2( 0.0, 1.0)).r;
  float omg = 0.5 * ((vy_ip - vy_im) / DX - (vx_jp - vx_jm) / DY);

  vec4 vel = vec4(velY, gx, gy, omg);

  gl_FragColor = vel;
}
```

「calcVelocityX.frag」では、速度「x成分」の「輸送方程式」を「CIP法」で解き、さらに「圧力」の「ポアソン方程式」を解き、式(5.13a)による速度「x成分」の更新を行なっています。

第5章 「速度-圧力法」
Velocity-Pressure Method

リスト5.3の「calcVelocityY.frag」では、速度「y成分」の「輸送方程式」を「CIP法」で解き、式(5.13b)による速度「y成分」の更新を行ない、「表示用渦度」の計算を式(5.26)によって計算しています。

*

図5.15と図5.16に「GP_DuctFS1_2」の実行例を示します。

「GLUIウィンドウ」の「[Parameters]パネル」の「[obs_left][obs_thick][obs_width][obs_dist]エディットボックス」によって、「障害物の位置」「サイズ」「2個の間隔」などを変更できます。

[meshX][meshY]によって、「格子分割数」を変更できます。

デフォルトでは、「最大の値」(200、100)になっています。

[Reynolds]によって「レイノルズ数」を、[deltaT]によって「数値計算」の「タイム・ステップ」を変更できます。

これらのパラメータを変更したときは、「[Calculation]パネル」の「[Reset]ボタン」をクリックした後に、「[Start]ボタン」をクリックしてください。

[ideal at wall]をチェックすると、「上下の壁面」に接触している「流体」も「速度1」で移動するようになり、「壁面」における「渦」の「発生」を軽減できます。

「[Display]パネル」の「[speed]スピナー」によって、「表示速度」を変更できます(間引き表示)。

[pressure][vorticity(omega)][velocity]の3個の「ラジオボタン」によって、「表示物理量」の種類を選択できます。

また、[color1][color2][monochrome]の3個の「ラジオボタン」によって、それぞれ「カラー連続表示」「カラー段階表示」「モノクロ表示」に変更できます。

「モノクロ表示」のときは、[shading]をチェックし、「陰影処」を有効にしてください。

図5.15は、「圧力」の「カラー連続表示」です。

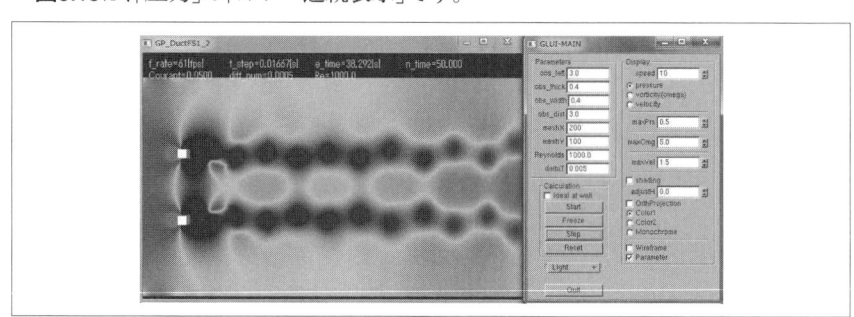

図5.15　障害物が2個のときの実行例1（GP_DuctFS1_2）　圧力のカラー連続表示

5.3 「平行平板ダクト」の「流れ」

図5.16に、「圧力」「渦度」「速度」の「カラー段階表示」を示します。

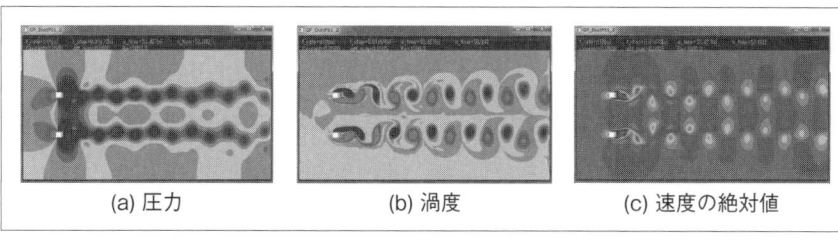

(a) 圧力　　　　　　(b) 渦度　　　　　　(c) 速度の絶対値

図5.16　障害物が2個のときの実行例2（GP_DuctFS1_2）
　　　　圧力、渦度および速度の絶対値のカラー段階表示。

すべて、「レイノルズ数」（$Re=1000$）、「無次元時間」（50）の結果です。
「渦度」を見ると分かるように、「GL_DuctFS1_2」と同じように、「上下対称」の「カルマン渦」が見られます。

*

「GP_DuctFS1_3」は、「障害物」が「3個」のプロジェクトです。
「1個」は「ダクト中心軸」上に固定し、「2個」は「中心軸」に対して「対称」の位置にあり、「GLUIウィンドウ」の[obs_disp1]で、「上流側」と「下流側」の「障害物間隔」を、[obs_dist2]で「下流側」にある「2個の間隔」を変更できます。

図5.17に「obs_dist2」を変えたときの流れを示します。

(a) obs_dist2=2.0　　　　　　(b) obs_dist2=5.2

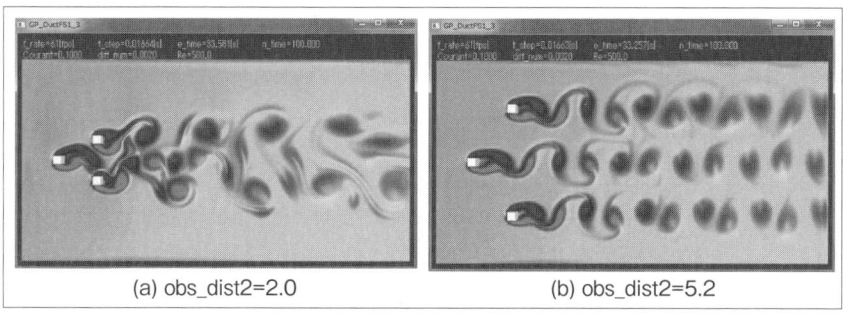

図5.17　障害物が3個のときの実行例1（GP_DuctFS1_3）
　　　　後方の2個の間隔を変えたときのカラー連続表示。

「obs_dist1」は、どちらも「2.0」です。
「obs_dist2=2.0」のときは、互いに干渉し合い、複雑な流れが見れます。
「obs_dist2=5.2」のときは、「障害物」がそれぞれ独立して存在するときの「カルマン渦」が形成されるようになります。

第5章 「速度-圧力法」
Velocity-Pressure Method

「[adjust]スピナー」の値を大きくすると、図5.18のように「3次元的」に表示できます。

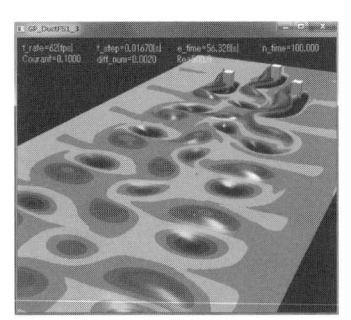

(a) カラー段階表示　　　　　(b) ワイヤーフレーム表示

図5.18　障害物が3個のときの実行例2（GP_DuctFS1_3）
視点を真上位置からずらすと3次元で表示できる。

(a)は「渦度」の「カラー段階表示」、(b)は「ワイヤーフレーム表示」です。
どちらも「obs_dist2=3.2」です。

5.3.4　移動する障害物

これまでは、「ダクト内」に「障害物」を固定し、「流体」を移動させた場合だけを扱ってきました。

「カルマン渦」は、「流体」の「流れ」を静止させ、「障害物」のほうを移動させた場合でも、生じさせることができます。
このような「カルマン渦」は、室内実験で簡単に作ることができます。
「水」や「牛乳」を、適当な大きさの容器に入れ、「絵具」あるいは「墨」を「筆」や「箸」などに付けて、容器の中で線を引くと、「カルマン渦」が描かれます。

図5.19は「牛乳」と「墨」で作ったものです。

図5.19　牛乳と墨で作成したカルマン渦

5.3 「平行平板ダクト」の「流れ」

「墨」を付けた「箸」を、数回往復させたときの写真です。

*

これまでのプロジェクトでは、「流れ関数-渦度法」と「速度-圧力法」どちらにしても、正しい「境界条件」を与えるために「格子位置」と「障害物境界」が完全に一致するように強制していました。

しかし、そうでないときでも実行すると分かるように、ほとんど同じような「流れ」が実現できます。

ただ単に、「カルマン渦」を発生させるだけならば、「格子位置」と「障害物境界」を無理に一致させる必要はないようです。

このことを利用すれば、「流体」を「静止状態」にしておき、「障害物」を移動させることによって、図5.19のような「カルマン渦」を発生させるプロジェクトを作ることができます。

(1) CPUだけを用いたプロジェクト

「GL_MovingObstacle」は、「GL_DuctFS1_1」を「移動障害物用」に変更したプロジェクトです。

「GPGPUプロジェクト」と同じように、「ポアソン方程式」の「解」の繰り返し回数を、1回だけに簡略化することで、高速計算が可能となり、「格子分割数」を「200×100」にしています。

このプロジェクトでは、「ダクト」の「左端」および「右端」も、「上下面」と同じく「固定壁」と見なし、常に速度「0」の「基本境界条件」を与えています。

これらの「壁面の速度」の「境界条件」は、「initObject()」ルーチンで一度だけ与えておけばよく、「calculate()」ルーチンにおける「速度」の「境界条件」は、「障害物」に対して与えるだけでいいでしょう。

ただし、「タイム・ステップ」ごとに「境界壁面」に最も近い「格子点」を求め、その「格子点」に対し、「境界条件」を与える必要があります。

「calcObsPos()」ルーチンにおいて、新しい「障害物」の位置を計算し、そのときの「障害物壁面」に対する「最近接格子位置」(NX1,NX2,NY1,NY2) を求め、新しい「type [i] [j]」を決定しています。

「圧力」に対する「境界条件」は、「GL_DuctFS1_1」と同じく、「右端」に対してだけ「基本境界条件」で、他は「自然境界条件」としています。

*

「[Calculation]パネル」の「[Start]ボタン」によって、「障害物」は「右方向」に移動します。

第5章 「速度-圧力法」
Velocity-Pressure Method

「右端」から「0.3」の位置で方向転換し、「往復運動」を繰り返します。

[ObsStop]ボタンによって「障害物」は「停止」しますが、「格子点」の「速度計算」は、「[Freeze]ボタン」がクリックされるまで継続されます。

「[ObsStop]ボタン」は、「トグルスイッチ」になっており、再度クリックすると移動しはじめます。

「[Freeze]ボタン」がクリックされると、「数値計算」だけでなくすべてが中断され、再度クリックすると、再開されます。

「[Start]ボタン」をクリックすると、「障害物の背後」に「双子渦」が発生し、往路中はほとんど同じ形状で進みます。

「右端」で方向転換すると、これまでの「渦」は取り残され、新たな「渦」が発生します。

「速度ベクトル」は、外側から「障害物背後」に向かうように「渦」が作られるため、上下の「渦」の色が反転します。

すなわち、「渦度」の「正負」が入れ替わります。

「左走行中」に「双子渦」は形を崩し、上下に振動して「カルマン渦」が現われるようになります。

「GL_CavityFS」と同じように「initObject()」ルーチンにおいて、あらかじめ「解析領域」全体の「格子点」に「粒子」を敷き詰めてあります。

「GL_CavityFS」と異なる点は、「[Start]ボタン」によって「数値計算」が開始されると同時に、「格子点」の「速度ベクトル」によって、「粒子位置」も更新されることです。

「[Particle]パネル」の「[show]チェックボックス」をチェックすると、その時点の「粒子位置」が表示されます。

図5.20および図5.21は、「右端」において、最初の方向転換した後の様子です。

図5.20に「渦度」を、図5.21に「速度ベクトル」と「粒子位置」を示します。

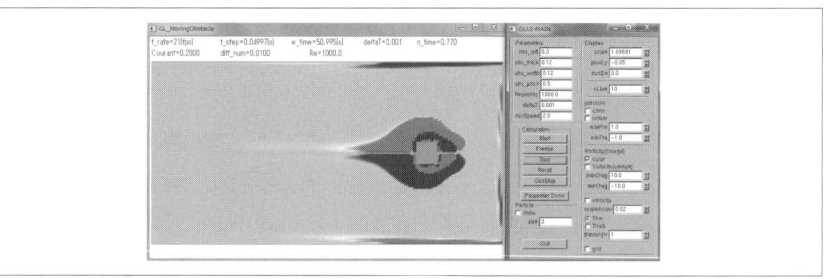

図5.20 移動障害物の実行例1（GL_MovingObstacle）
右端側で方向反転した後の渦度

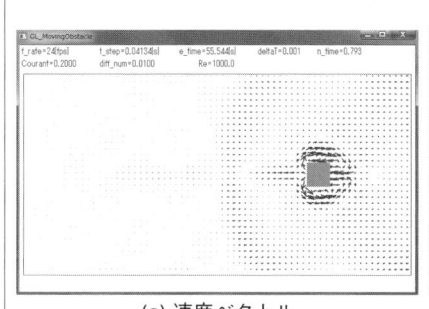

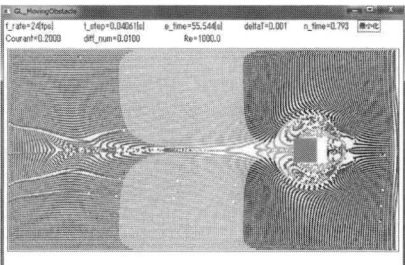

5.3 「平行平板ダクト」の「流れ」

(a) 速度ベクトル　　　　　　　(b) 粒子アニメーション

図5.21　移動障害物の実行例2（GL_MovingObstacle）
図5.20と同じ時間経過における速度ベクトルと粒子アニメーション。

このときの「レイノルズ数」は「$Re=1000$」です。

(2) 「GPGPU」によるプロジェクト

「GP_MovingObstacle」は「GP_DuctFS1_1」を「移動障害物」用に変更したプロジェクトです。

ただし、「解析領域のサイズ」は「20×20」、「格子分割数」は「200×200」です。

「障害物」は、「左右直線走行」のほかに、「等速円運動」も可能です。

図5.22に「左側」から「右側」へ「直線走行中」の「渦度」を示します。

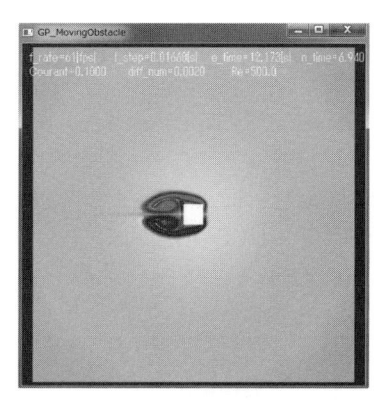

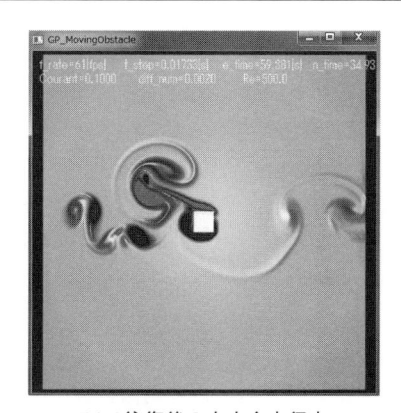

(a) 右方向走行中　　　　　　　(b) 1往復後の右方向走行中

図5.22　移動障害物の実行例3（GP_MovingObstacle）
左側の位置から直線走行させたときの渦度。

181

第5章 「速度-圧力法」
Velocity-Pressure Method

(a)は1回目、(b)は1往復後2回目の走行です。

1回目は「障害物背後」に「双子渦」を伴って進み、「右側」で反転後に「カルマン渦」が発生します。

往復運動を重ねると、多くの「渦」と「障害物」が衝突し合い、複雑な模様が発生します。

「GLUIウィンドウ」の「[Calculation]パネル」の「[Rotation]チェックボックス」をチェックしたあとで実行すると、「等速円運動」になります。

「障害物」自身は回転せず、同じ姿勢です。

初期位置が「左側」のときは「右回り」になり、「右側」のときは「左回り」になります。

図5.23に、「左側」の初期位置から「半周」および「1周」したときの「渦度」を示します。

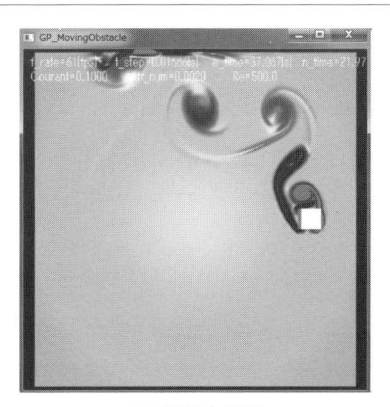

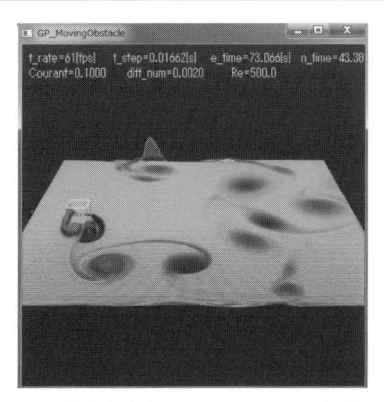

(a) 半周走行後　　　(b) 1周走行後（ワイヤーフレーム表示）

図5.23　移動障害物の実行例4（GP_MovingObstacle）
　　　　左側の位置から円運動させたときの渦度。

このときの「レイノルズ数」は「$Re = 500$」です。

(b)は、視点を「負」の「y軸方向」（初期状態の下方）に置いたときの「3D表示」であり、「ワイヤーフレーム表示」となっています。

なお、「移動障害物」のプロジェクトでは、「数値計算」の精度が悪いため、長い時間動作させると、荒れた模様が現われ、「発散」するようになります。

第6章

水面シミュレーション

Simulation of Water Surface

　本章では、水面のような「液面」に生じる「渦」のシミュレーションを作ります。
　前章までのシミュレーションで分かるように、「渦度」は「正負」の値をもち、そのまま「水面の高さ」に利用すると、一方は「水面」よりも高くなり、非現実的です。
　「正」の「渦度」を反転させることによって、実際の「水面」に生じる「渦」を表現できます。
　「波動方程式」による「波」を発生させ、さらに「屈折環境マッピング」を追加することによって、現実味のある「リアルタイム・シミュレーション」を構成します。

|本章で作るプロジェクト|
・「固定障害物」による「渦」
・「移動障害物」による「渦」
・「波動方程式」による「波」の追加
・「屈折環境マッピング」の追加
・「投影マッピング」による「集光模様」の追加

第6章 水面シミュレーション
Simulation of Water Surface

6.1 「水面」に発生する「渦」

「流れ関数-渦度法」「速度-圧力法」のどちらを用いても、「障害物」の両側で発生する「渦度」は「正負」の「対称性」をもっており、そのまま「液面の高さ」に利用すると、片方がもち上がります。

しかし、実際の「水面」に、「手」や「板」を入れて移動させると、どちらも中心部がへこんだ「渦」になります。

本節のプロジェクトは、前章で作ったプロジェクトを、実際の「水面」に生じる「渦」を表現できるように、改良したものです。

*

「GP_WaterVortex1」は、前章の「GP_DuctFS1_1」を変更したプロジェクトです。
「解析領域」は「20×10」で、「格子分割数」は「200×100」の「固定」としています。

「rendering.vert」において、「液面」の「変動計算」を、

```
pp = -abs(texture2DRect(samplerVelY, texPos).a) / maxOmg;
pp += texture2DRect(samplerVelX, texPos).a / maxPrs ;
```

のように変更しています。
「渦度」の絶対値の「負」の値と、「圧力成分」の「和」で求めています。
「圧力成分」を加えることで、「障害物」の「上流側」をもち上げることができます。

「水面の色」は、「アプリケーション側」(CPU側)の「rendering()」ルーチンにおいて、「マテリアル特性関数」(glMaterial*())を用いて決めており、「rendering.frag」では「色の段階表示部分」を削除しています。

*

「水面」の「流れ」を表現するために、「GPU側」で「粒子アニメーション」を追加しています。
このプロジェクトでは、合計5個の「シェーダ・プログラム」を使っています。

表6.1に「シェーダ・プログラム名」と、それらに関連付けられている「シェーダ・オブジェクト」の「ソース・ファイル名」(「頂点シェーダ」および「フラグメント・シェーダ」)を示します。

表6.1 「シェーダ・プログラム」と「シェーダ・オブジェクト」

シェーダ・プログラム名	頂点シェーダ	フラグメント・シェーダ
shader1	simulation.vert	calcVelocityX.frag
shader2	simulation.vert	calcVelocityY.frag

6.1 「水面」に発生する「渦」

shader3	rendering.vert	rendering.frag
shader4	simulation.vert	particle.frag
shader5	renderingP.vert	

「shader4」で「粒子の位置」を計算し、「shader5」で「粒子」を「レンダリング」しています。

「shader4」の「頂点シェーダ」も、「shader1」および「shader2」と同じ「simulation.vert」です。

「CPU側」で「renewParticle()」ルーチンにおいて、「粒子の位置座標」を「テクスチャ」として貼り付けるために、「drawNumberingPoints()関数」をここでも利用しています。

「shader1」および「shader2」の場合は、「点オブジェクト」の「座標」が、「水面」を表わすための「格子点位置」に相当しますが、「shader4」では、「粒子点番号」を表わしています。

「initData()」ルーチンで定義されているように、「粒子の座標」を表わす「CPU側」の「1次元配列」は、「particle[]」です。

「i」と「j」を「格子番号」としたとき、「k=i+j*texWidth」が「粒子番号」であり、「particle[4*k]」「particle[4*k+1]」「particle[4*k+2]」に、それぞれ「粒子」の「x, y, z座標」が格納されます。

「particle[4*k+3]」には、後で述べるように、「格子点」の「水面の高さ」が格納されます。

*

表示可能な「粒子」の「最大個数」は、「格子数」に一致します。

このプロジェクトでは、「200×100=20,000個」です。

「表示個数」は「GLUIウィンドウ」の「[Particle]パネル」の「[num]エディットボックス」で変更できます。

プロジェクトを立ち上げると、指定された個数ぶんの「粒子」がランダムに表示され、「[Calculation]パネル」の「[Start]ボタン」をクリックすると、各「格子点」における「流体」の速度で移動します。

*

各「粒子」の「位置座標」は、リスト6.1に示す「フラグメント・シェーダ」(particle.frag)で更新しています。

第6章 水面シミュレーション
Simulation of Water Surface

リスト6.1 「GP_WaterVortex1」の「particle.frag」

```
#extension GL_ARB_texture_rectangle: enable
uniform sampler2DRect samplerVelX;
uniform sampler2DRect samplerVelY;
uniform sampler2DRect samplerPosP;
uniform int meshX, meshY;
uniform float adjustH;
uniform float maxOmg, maxPrs;
uniform float sizeX, sizeY;
uniform int numParticle;
uniform float dt;
varying vec2 texPos;

void main(void)
{
  //液面の高さ(変位量)を求める
  float pp = -abs(texture2DRect(samplerVelY, texPos).a) / maxOmg;
  pp += texture2DRect(samplerVelX, texPos).a / maxPrs ;//圧力
成分も加える
  float hh = pp * adjustH;//物理量(表示上の高さを調整)

  //粒子の位置座標計算
  vec3 posP;
  float velX, velY;
  float deltaX = sizeX / float(meshX);
  float deltaY = sizeY / float(meshY);

  posP = texture2DRect(samplerPosP, texPos).xyz;//粒子の位置
  //その位置に最も近い格子点
  float I = (posP.x + sizeX/2.0) / deltaX;
  float J = (posP.y + sizeY/2.0) / deltaY;
  //格子点の流体速度
  velX = texture2DRect(samplerVelX, vec2(I, J)).r;
  velY = texture2DRect(samplerVelY, vec2(I, J)).r;
  vec3 velP = vec3(velX, velY, 0.0);

  //粒子位置の更新
  posP += velP * dt;
  posP.z = texture2DRect(samplerPosP, vec2(I, J)).a;

  gl_FragColor = vec4(posP, hh);
}
```

最初に「水面の高さ」(変位量)を求めるために、「rendering.vert」と同じ計算をしています。

この値「hh」は、各「格子点」における「水面の高さ」であり、最終行の、

```
gl_FragColor = vec4(posP, hh)
```

によって、「CPU側」の「配列」(particle[4*k+3])に相当する「メモリ」に書き込みます。

*

6.2 「波動」の追加

```
posP = texture2DRect(samplerPosP, texPos).xyz
```

によって、「粒子座標」を求め、その位置に最も近い「格子点番号」(I, J) を計算し、その「格子点」の「流体速度」(velP) を求めます。

「タイム・ステップ」(dt) を乗じ、「粒子の位置」の「x, y 成分」を更新します。

「サンプラ」(samplerPosP) を介して、「particle[4*k+3]」の値を、

```
posP.z = texture2DRect(samplerPosP, vec2(I, J)).a;
```

によって取得し、「粒子位置」の「z 成分」としています。

*

図6.1に「GP_WaterVortex1」の実行例を示します。

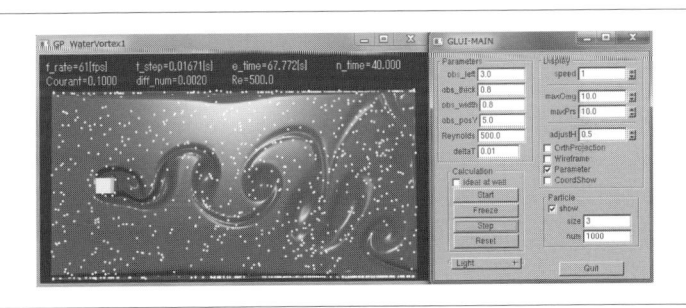

図6.1　固定障害物による水面の渦（GL_WaterVortex1）

*

「GP_WaterVortex2」は、前章の「GP_MovingObstacle」を「水面シミュレーション」用に変更したプロジェクトです。

「解析領域のサイズ」は「20×20」で、「格子分割数」は「200×200」です。

「GP_MovingObstacle」と同じく、「直線走行」と「円走行」の「2つの走行モード」で実行可能です。

「シェーダ側」のプログラムは、「GP_WaterVortex1」と同じです。

6.2 「波動」の追加

実際の「水面」では、「水面の一部」に「水位の変動」が生じたとき、その「変動」は「波」となって周囲に「伝搬」していきます。

本節では、「波動方程式」で作った「波」を、「速度-圧力法」で作った「渦」に重ね合わせるプロジェクトを作ります。

第6章 水面シミュレーション
Simulation of Water Surface

6.2.1 波動方程式

3章では「移流方程式」、

$$\frac{\partial f}{\partial t} + u\frac{\partial f}{\partial x} = 0 \tag{6.1}$$

について述べています。

この式の一般解は、

$$f(x,t) = f(x - ut) \tag{6.2}$$

です。

これは、「正」の「x方向」に進行する「前進波」を表わしています。

「負」の「x方向」に進行する「後進波」を表わす「移流方程式」は、

$$\frac{\partial f}{\partial t} - u\frac{\partial f}{\partial x} = 0 \tag{6.3}$$

で与えられます。

式(6.1)と(6.2)の「積」を取ると、「波動方程式」、

$$\frac{\partial^2 f}{\partial t^2} - u^2 \frac{\partial^2 f}{\partial x^2} = 0 \tag{6.4}$$

を得ます。

*

「物理量」(f)は、「水面」の「平衡状態」からの「変位量」であり、これを「z」で表示します。

「波」の「伝搬速度」(u)を「c」で表わし、上式を「2次元化」すると、

$$\frac{\partial^2 z}{\partial t^2} = c^2 \left(\frac{\partial^2 z}{\partial x^2} + \frac{\partial^2 z}{\partial x^2} \right) \tag{6.5}$$

となります。

実際の「液面」では、「粘性」によって、「波動」の「振動エネルギー」は「減衰」します。

「液面」の「z軸方向」の「速度」に比例した、「減衰項」を追加すると、

$$\frac{\partial^2 z}{\partial t^2} = c^2 \left(\frac{\partial^2 z}{\partial x^2} + \frac{\partial^2 z}{\partial x^2} \right) - \mu \frac{\partial z}{\partial t} \tag{6.6}$$

となります。

「減衰係数」(μ)は、「流体」の「粘性」によって生じる値であり、「μ」を「小さく」すると、「波」は「長時間伝搬」し、「大きく」すると、「素早く減衰」します。

6.2.2　数値解法

「波動方程式」(6.6)を、「オイラー法」による「数値積分」で解きます。

「格子間隔」を「$\Delta x, \Delta y$」とし、「時刻」が「$t = t_n$」のときの「$\partial^2 z / \partial t^2$」を、「加速度」($a_n$)とし、「$\partial z / \partial t$」を「速度」($v_n$)とします。

右辺の「2階偏微分」を「差分」で近似すると、

$$a_n = c^2 \left\{ \frac{z_n^{i+1,j} - 2z_n^{i,j} + z_n^{i-1,j}}{\Delta x^2} + \frac{z_n^{i,j+1} - 2z_n^{i,j} + z_n^{i,j-1}}{\Delta y^2} \right\} - \mu v_n \tag{6.7}$$

となります。

ここで、「$z_n^{i,j}$」は「注目格子点」の「変位量」で、「$z_n^{i+1,j}, z_n^{i-1,j}, z_n^{i,j+1}, z_n^{i,j-1}$」は「隣接格子点」の「変位量」です。

「加速度」が与えられると、「速度」は、

$$v_{n+1} = v_n + a_n \Delta t \tag{6.8}$$

変位量は、

$$z_{n+1} = z_n + v_{n+1} \Delta t \tag{6.9}$$

によって計算できます。

式(6.7)において、「格子点」(i, j)が「境界」上のときは、「境界」からハミ出した「格子点」の「$z_n^{i+1,j}, z_n^{i-1,j}, z_n^{i,j+1}, z_n^{i,j-1}$」を「0」とし、「$z_n^{i,j}$」の係数を「−1.5」とします。

6.2.3　境界条件

「波動方程式」に対しても、「基本境界条件」(ディリクレ型境界条件)と「自然境界条件」(ノイマン型境界条件)を与えることができます。

「境界」上で「変位量」を強制的に「0」にすれば、「基本境界条件」になるので、「固定境界条件」とも言います。

「水面の波」を求めるときは、「固定」された「障害物境界」では、「流体」は「自由端」に

第6章 水面シミュレーション
Simulation of Water Surface

なっており、「自然境界条件」は「自由境界条件」とも言います。

「自由境界条件」は「境界」上で「$\partial z / \partial x = 0, \partial z / \partial y = 0$」とします。

前著のように、特に「境界条件」を与えなければ、「自由境界条件」になることもあります。

＊

「固定境界条件」と「自由境界条件」は、どちらも「反射」があり、「進行波」と「反射波」が「干渉」します。

「表示領域」の「境界」において、「無反射」になるように工夫すると、「表示領域」(これを「有効解析領域」と呼ぶことにします)が、あたかも「無限領域」の一部になっているように、見なすことが可能です。

このような「境界条件」を、「無反射境界条件」と言います。

「無反射境界条件」は、「有効解析領域」の「外側」に、「減衰係数」を徐々に高くした「ダミー領域」を設けることで、実現できます。

「1次元」で示すと、図6.2のようになります。

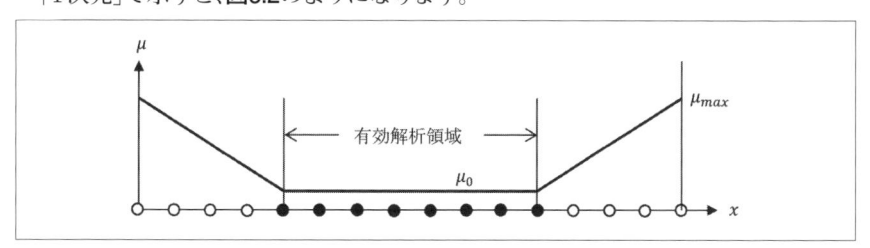

図6.2　無反射境界条件を与えるための減衰係数
有効解析領域の外側に減衰係数を、徐々に大きくしたダミー領域を設定する。

「黒丸」は「表示領域」の「格子点」であり、「白丸」は「ダミー領域」の「格子点」です。

6.2.4 波動プロジェクト

「波動方程式」の「数値解法」を、「GPU側」でプログラムしたプロジェクトを作っています。

(1)「波」の発生

「GP_Wave1」は、「波動方程式」による「波」を発生させるプロジェクトです。

計算する「物理量」は、各「格子点」における「水面の変位量」(z座標)と「鉛直軸方向の速度」($\partial z / \partial t$)です。

6.2 「波動」の追加

このプロジェクトでは、「3個」の「シェーダ・プログラム」を使っています。

「shader1」が「速度計算用」(関連付けられている「シェーダ・ファイル」は「simulation.vert」と「waveVel.frag」)、「shader2」が「変位量計算用」(「simulation.vert」と「wavePos.frag」)で、「shader3」は「レンダリング用」(「rendering.vert」と「rendering.frag」)です。

*

「CPU側」で「1次元配列」(wave[])を用意し、「wave[4*k]」を「速度」、「wave[4*k+1]」を「変位量」としています。

「k=i+j*texWidth」は「格子番号」です。

「GPU側」では「wave.r」が「速度」で、「wave.g」が「変位量」です。

「waveVel.frag」において、複数の「波源」によって、「水面」の「z軸方向速度」の「振動」を、「正弦関数」によって発生させています。

「パルス・モード」と「連続モード」が可能で、前者では「半周期」の「正弦波」になります。

「波源」が「1個」であれば「円形波」となり、直線的に複数の「波源」を並べると、近似的に「平面波」をつくることができます。

なお、「波源の位置」(sourceX)と「波源間隔」は、「実際の長さ」ではなく、「格子数」で指定するようにしています。

*

図6.3に「GP_Wave1」の実行例を示します。

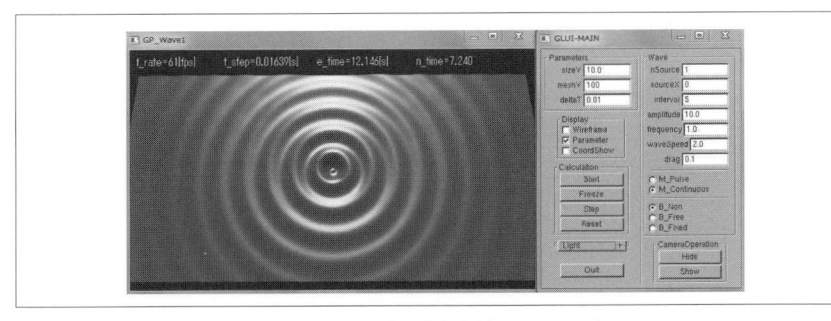

図6.3　円形波の実行例（GP_Wave1）

このプロジェクトでは、「x軸方向」(立ち上げたときの「左右方向」)の「サイズ」および「格子分割数」は、それぞれ「20」および「200」は固定ですが、「y軸方向」の「サイズ」や「分割数」は、「GLUIウィンドウ」の「[Parameters]パネル」で変更可能です。

[deltaT]は、これまでのプロジェクトと同じように、「数値計算」の「タイム・ステッ

第6章 水面シミュレーション
Simulation of Water Surface

プ」です。

「[Wave]パネル」の「エディットボックス」で、「波」の「振幅」「周波数」「伝搬速度」などを変更できます。

「ラジオボタン」によって、「動作モード」(パルス、連続)および「境界条件」(無反射、自由、固定)を選択できます。

図6.3は、「無反射境界条件」の「連続動作」です。

「無反射境界条件」のときは、**図6.2**において、「最大減衰係数」は「$\mu_{max} = 5$」とすると、「ダミー領域」の「格子数」(nDummy)が「20以上」で、ほぼ「無反射状態」になります。

(2) 固定障害物の実装

「障害物」が存在すると、その「境界」において「波動」に対しては、「自由境界条件」になります。

「GP_Wave2」は、このような「固定障害物」が存在するときの「波動」を調べるプロジェクトです。

「障害物」の「内外判定」は、「CPU側」の「decideRegion()」および「regionFlag()」ルーチンで、形状の幾何を利用して決めています。

「内外判定」のフラグに「wave[4*k+3]」を使用し、「格子点」が「水面」ならば「1.0」に、「障害物」の「表面」および「内部」であれば、「0.0」としています。

*

このプロジェクトでは、「波の発生モード」は「連続動作」だけであり、「障害物」が存在しない「境界」では「無反射境界条件」、「障害物表面」では「自由境界条件」としています。

*

リスト6.2に「waveVel.frag」を示します。

リスト6.2 「GP_Wave2」の「waveVel.frag」

```
#extension GL_ARB_texture_rectangle: enable
uniform sampler2DRect samplerWave;
uniform int texWidth, texHeight;//ダミーを含むX方向全格子数
uniform int nDummy;
uniform float sizeX, sizeY;//実際の辺の長さ(ダミーを含まず)
uniform int meshX, meshY;
uniform int nSource;
uniform int sourceX;
uniform int interval;
uniform float amp;
uniform float freq;
```

6.2 「波動」の追加

```
uniform float waveSpeed;
uniform float drag0;
uniform float dt;
uniform float time;

varying vec2 texPos;

float dx, dy;
float makeWave(float v0);

void main(void)
{
  //格子間隔
  dx = sizeX / float(meshX);
  dy = sizeY / float(meshY);

  vec4 wave = texture2DRect(samplerWave, texPos);
  wave.r = makeWave(wave.r);//波源の波を作成（z軸方向速度）

  float drag = drag0;
  int nm = nDummy;           //無反射のときの有効領域境界番号
  int npX = meshX + nm;//無反射のときの有効領域境界番号
  int npY = meshY + nm;//無反射のときの有効領域境界番号

  int i = int(texPos.x);
  int j = int(texPos.y);

  //有効領域境界では無反射境界
  float dragMax = 5.0;
  if(j < nm) drag = drag0 + dragMax * float(nm - j) / float(nm);
  if(j > npY)drag  = drag0 + dragMax * float(j - npY) / float(nm);
  if(i < nm) drag  = drag0 + dragMax * float(nm - i) / float(nm);
  if(i > npX)drag  = drag0 + dragMax * float(i - npX) / float(nm);

  //加速度計算に必要な係数を求める
  vec4 cA, cB, cC, cD;//水面であれば.0、障害物であれば.0
  cA = texture2DRect(samplerWave, texPos + vec2(-1.0, 0.0));
  cB = texture2DRect(samplerWave, texPos + vec2( 1.0, 0.0));
  cC = texture2DRect(samplerWave, texPos + vec2( 0.0,-1.0));
  cD = texture2DRect(samplerWave, texPos + vec2( 0.0, 1.0));

  float c1, c2;

  float accel = 0.0;
  if(wave.a == 1.0 ||            //注目点が水面
    (wave.a == 0.0 && (cA.a == 1.0 || cB.a == 1.0
      || cC.a == 1.0 || cD.a == 1.0)))// 障害物表面
  {
    if(cA.a * cB.a == 1.0) c1 = 2.0;//どちらも水面
    else c1 = 1.5;            //どちらかが障害物表面
    if(cC.a * cD.a == 1.0) c2 = 2.0;//どちらも水面
    else c2 = 1.5;            //どちらかが障害物表面
```

第6章 水面シミュレーション
Simulation of Water Surface

```
    accel = (waveSpeed * waveSpeed) * ((cA.a * cA.g + cB.a *
cB.g - c1 * wave.g) / (dx*dx) + (cC.a * cC.g + cD.a * cD.g -
c2 * wave.g) / (dy*dy));
  }

  //粘性抵抗
  accel -= drag * wave.r;
  //速度の更新
  wave.r += accel * dt;

  gl_FragColor = wave;
}
//-----------------------------------------------------------
float makeWave(float v0)
{
  float pi = radians(180.0);
  int k;
  //領域の中心を原点に変更
  vec2 pos = texPos.xy - vec2(float((texWidth)/2),float((texHei
ght)/2));
  vec2 source;//波源の位置

  float value = v0;
  for(k = 0; k < nSource; k++)
  {
    source.x = float(sourceX) ;
    source.y = float(interval) * (-0.5 * float(nSource-1) + floa
t(k));

    if(pos.x == source.x && pos.y == source.y)
    {//連続波だけ
      value = amp * sin(2.0 * pi * freq * time);
    }
  }
  return value;
}
```

         ＊

「シェーダ側」では、「wave.a=1.0」の「格子点」が「水面」、「wave.a=0.0」の「格子点」が「障害物」として判断できます。

式(6.7)の「加速度計算」は、「水面」または「障害物表面」に対してだけに行ない、「障害物内部」では「0」としています。

         ＊

式(6.7)を、次式のように書き改めます。

$$a_n = c^2 \left\{ \frac{C_A z_n^{i-1,j} - C_1 z_n^{i,j} + C_B z_n^{i+1,j}}{\Delta x^2} + \frac{C_C z_n^{i,j-1} - C_2 z_n^{i,j} + C_D z_n^{i,j+1}}{\Delta y^2} \right\} - \mu v_n \quad (6.10)$$

6.2 「波動」の追加

ここで、「係数」(C_A, C_B, C_C, C_D)を、「注目格子点」の隣接点の「水面／障害物判別値」とすると、そのまま「係数」として利用できます。

「C_A, C_B」どちらも「1.0」であれば「$C_1 = 2.0$」、そうでなければ「注目点」は「障害物表面」なので「$C_1 = 1.5$」とします。

同じように「C_2」を決めています。

リスト6.3に「wavePos.frag」を示します。

リスト6.3 「GP_Wave2」の「wavePos.frag」

```
#extension GL_ARB_texture_rectangle: enable
uniform sampler2DRect samplerWave;
uniform int texWidth, texHeight;//ダミーを含む全格子数
uniform float dt;

varying vec2 texPos;

void main(void)
{
  vec4 wave0 = texture2DRect(samplerWave, texPos);

  wave0.g += wave0.r * dt;
  //wave0.rはz軸方向速度、wave0.gは変位量

  //固定障害物の境界(自由境界条件)
  vec4 cA, cB, cC, cD;
  cA = texture2DRect(samplerWave, texPos + vec2(-1.0, 0.0));
  cB = texture2DRect(samplerWave, texPos + vec2( 1.0, 0.0));
  cC = texture2DRect(samplerWave, texPos + vec2( 0.0,-1.0));
  cD = texture2DRect(samplerWave, texPos + vec2( 0.0, 1.0));

  if(wave0.a == 0.0)//注目点が障害物
  {
    //隣接点のつでも水面なら注目点は障害物表面
    if(cA.a == 1.0 || cB.a == 1.0 || cC.a == 1.0 || cD.a == 1.0)
    {
      if(cA.a == 1.0) wave0.g = cA.g;
      if(cB.a == 1.0) wave0.g = cB.g;
      if(cC.a == 1.0) wave0.g = cC.g;
      if(cD.a == 1.0) wave0.g = cD.g;
    }
  }
  gl_FragColor = wave0;
}
```

「注目点」が「障害物」であり、しかも、隣接点のひとつが「水面」なら、その「注目点」は「障害物表面」となります。

このとき「注目点」の「変位量」を、「水面」にある隣接点の「変位量」に等しくするこ

195

第6章 水面シミュレーション
Simulation of Water Surface

とによって、「自由(自然)境界条件」($\partial z / \partial n = 0$)を与えることができます。

　「直方体」の「角」や「円柱」では、「法線方向」(n)は、「斜め方向」になることがありますが、すべて「x方向」または「y方向」で近似しています。

＊

　図6.4に「GP_Wave2」の実行例を示します。

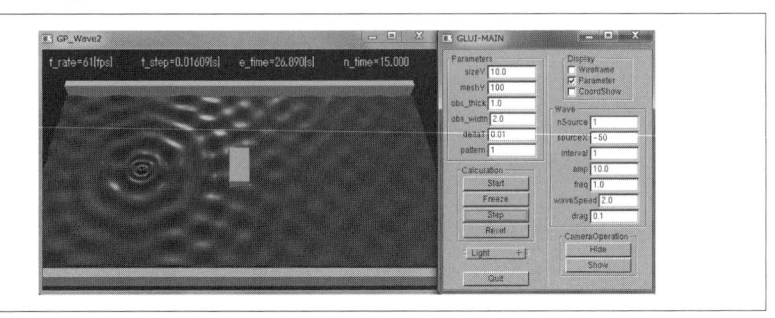

図6.4 固定障害物による反射波(GP_Wave2)

　「GLUIウィンドウ」の「[Parameters]パネル」の「[obs_thick]および[obs_width]エディットボックス」によって、「障害物の大きさ」を変更できます。

＊

　「[pattern]エディットボックス」で、「障害物」の「配置パターン」を「2通り」選択できます。
　"0"で「中心の障害物」だけ、"1"で「手前と奥に平行平板ダクトの側板を追加したパターン」になります。
　このときは、「左右の境界」だけが「無反射境界」になります。
　図6.4は「パターン1」のときの実行例であり、「中心の障害物」および「側板」からの「反射」によって、「干渉パターン」が見られます。

(3) 「移動物体」の実装

　物体が「水面」を移動すると、「物体の前方」が盛り上がり、「水面」が「上下」に「振動」するようになります。

　「物体の速度」を「v」とし、「波の伝搬速度」を「c」としたとき、「$v < c$」ならば「前方」に「波」が生じ、「$v > c$」ならば「衝撃波」が発生し、「V字型」の「航跡」になります。

＊

　「GP_Wave3」は、「移動物体」による「波」をつくるプロジェクトです。
　「障害物」に対する「内外判定」は、「固定障害物」に対してだけ行ない、「移動物体の

6.2 「波動」の追加

領域」は「水面」と同等に扱っています。

「移動物体」自身の「高さ」は「水面」に固定し、「x, y 平面」上だけで移動させています。

「物体の前方」近くに「振動源」を設定し、「円形波」を発生させています。

図6.5に実行例を示します。

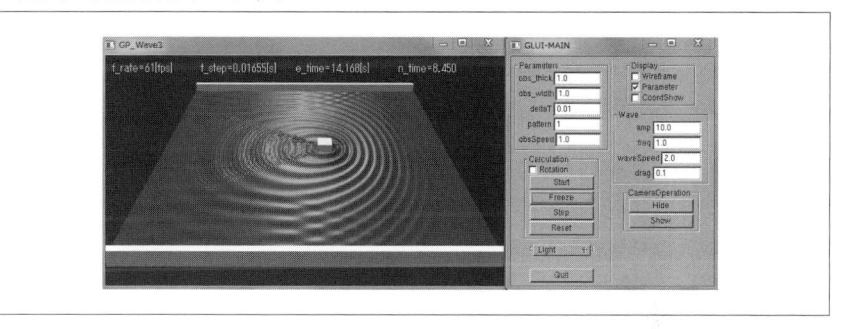

図6.5 移動物体による波動（GP_Wave3）

「左側から右方向」へ「直線走行」しているときの様子です。

「GLUIウィンドウ」の「[Parameters]パネル」の[obs_speed]によって、「物体の速度」を変更できます。

「物体の速度＜波の伝搬速度」なので、「前方」にも「波」が生じています。

「ドップラー効果」によって、「前方の波」の「波長」が、「後方の波」よりも「短縮」されていることが分かります。

「物体の速度＞波の伝搬速度」とすると、「V字型」の「航跡」だけが見られます。

6.2.5 「渦」と「波」が「共存」するプロジェクト

6.1節の「水面」上の「渦」と6.2節の「波動」を組み合わせたプロジェクトを作ります。

(1) 「固定障害物」だけが存在するとき

「GP_VortexWave1」は、「GP_WaterVortex1」と「GP_Wave2」を合体させたプロジェクトです。

＊

まず、「GP_WaterVortex1」を「GP_Wave2」と同じように、「四方」とも「ダミー領域」を追加したプログラムに改変し、「wavePos.frag」において、「渦度」と「圧力」、さらに「波動」を重ね合わせ、「wave.b」（「CPU側」の配列「wave[4*k+2]」に相当）に格納しています。

「rendering.vert」および「particle.frag」においては、この「wave.b」を読み込んで、「水面の高さ」を決めています。

第6章 水面シミュレーション
Simulation of Water Surface

「シェーダ・プログラム」は、表6.2に示すように、「7つ」になります。
「テクスチャ・オブジェクト」および「フレームバッファ・オブジェクト」は、それぞれ「4つ」です。

表6.2 「GP_VortexWave1」の「シェーダ・プログラム」と「シェーダ・オブジェクト」

シェーダ・プログラム名	頂点シェーダ	フラグメント・シェーダ
shader1	simulation.vert	calcVelocityX.frag
shader2	simulation.vert	calcVelocityY.frag
shader3	simulation.vert	waveVel.frag
shader4	simulation.vert	wavePos.frag
shader5	rendering.vert	rendering.frag
shader6	simulation.vert	particle.frag
shader7	renderingP.vert	

リスト6.4に「rendering.frag」を示します。

リスト6.4 「GP_VortexWave1」の「rendering.vert」

```
#extension GL_ARB_texture_rectangle: enable
uniform sampler2DRect samplerWave;
uniform int texWidth, texHeight;
uniform float sizeX, sizeY;
uniform int meshX, meshY;
uniform float adjustH;

varying vec3 P;
varying vec3 N;
varying vec3 T;//接線ベクトル
varying vec3 B;//従法線ベクトル
varying vec2 grad;

void main(void)
{
  //テクスチャ座標の中心を移動
  vec2 texPos = gl_Vertex.xy + vec2(float(texWidth/2), float(texHeight/2));

  float p1, p2;
  float delta = 0.1;//差分間隔
  float pp = texture2DRect(samplerWave, texPos).b;

  //勾配
  p1 = texture2DRect(samplerWave, texPos + vec2(-delta, 0.0)).b;
  p2 = texture2DRect(samplerWave, texPos + vec2( delta, 0.0)).b;
```

6.2 「波動」の追加

```
grad.x = (p2 - p1) * adjustH / (2.0 * delta);//x方向微分
p1 = texture2DRect(samplerWave, texPos + vec2(0.0, -delta)).b;
p2 = texture2DRect(samplerWave, texPos + vec2(0.0,  delta)).b;
grad.y = (p2 - p1) * adjustH / (2.0 * delta);//y方向微分

//辺の長さをsizeX,sizeYに変換
gl_Vertex.x *= sizeX / float(meshX);
gl_Vertex.y *= sizeY / float(meshY);

gl_Vertex.z = pp * adjustH;//物理量(表示上の高さを調整)

P = vec3(gl_ModelViewMatrix * gl_Vertex);
N = normalize(gl_NormalMatrix * gl_Normal).xyz;
//x方向接線ベクトル
T = normalize(gl_NormalMatrix * vec3(1.0, 0.0, 0.0)).xyz;
//従法線ベクトル
B = normalize(gl_NormalMatrix * vec3(0.0, 1.0, 0.0)).xyz;

gl_Position = ftransform();
}
```

「障害物」の「配置パターン」は、「GP_Wave2」のときと同じように、「2つ」だけです。

パターンが"0"では、「障害物」が「左端側」にひとつだけあり、「表示領域」の「境界」は、「渦」に対しても「壁面」のない「境界」のようになります。

「初期設定」では、「左端」において、「2個」の「波源」による「波」が発生します。

図6.6に実行例を示します。

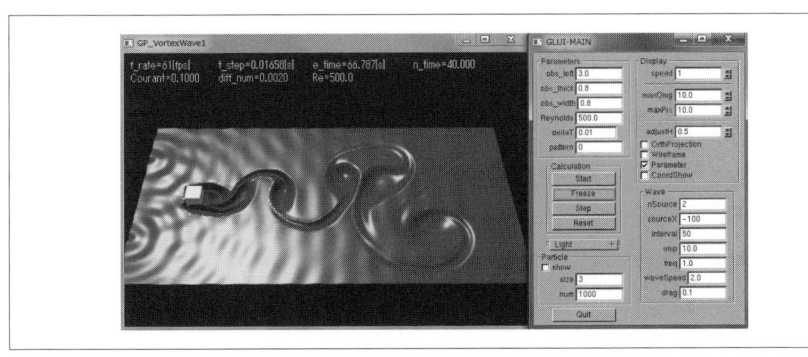

図6.6 固定障害物があるときの渦と波動(GP_VortexWave1)

「配置パターン」が"1"のときは、「手前」と「奥」に「固定障害物」が配置されます。

これら「2個」の「障害物」に対し、「流体速度」を「0」にする「境界条件」は、「display()」ルーチンにおいて与えています。

それを可能にするために、「decideRegion()」ルーチンで「障害物内部」では「g_type[i][j]=OBSTACLE」となるようにしています。

第6章 水面シミュレーション
Simulation of Water Surface

(2)「移動物体」が存在するとき

「GP_VortexWave2」は「GP_WaterVortex2」と「GP_Wave3」を組み合わせたプロジェクトです。

「サイズ」を「20×20」とし、「格子分割数」を「200×200」としています。
「GP_VortexWave1」と同じく、「障害物」の「配置パターン」は、「2つ」です。
図6.7に、パターンが"0"のときの実行例を示します。

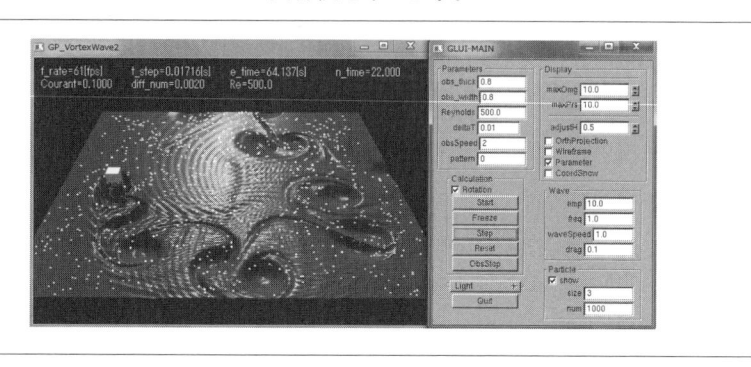

図6.7 移動物体があるときの渦と波動(GP_VortexWave2)

「等速円運動」のときで、ほぼ1周したときの様子です。
「移動物体の速度」を、「波の伝搬速度」の「2倍」としています。

「GP_VortexWave3」は、「移動物体」を「円柱」に変更したプロジェクトです。

6.3 「屈折環境マッピング」の追加

「キューブ・マッピング」による「屈折環境マッピング」を利用すれば、「水槽内の水面」を表現することが可能です。
「環境マッピング」には、「反射マッピング」と「屈折マッピング」があります。
また、「テクスチャ」の作成方法によって、「スフィア・マッピング」と「キューブ・マッピング」があります。
ここでは、「キューブ・マッピング」による「屈折環境マッピング」を利用します。

6.3.1 「屈折環境マッピング」の原理

「キューブ・マッピング」では、「対象オブジェクトの中心」にカメラを置き、「前後左右上下」の合計6枚の写真を撮ります。
このとき、「視野角」を「90°」、「アスペクト比」を「1」とします。

6.3 「屈折環境マッピング」の追加

図6.8に示すように、「オブジェクト中心」から同じ距離の「壁面」に「6枚の写真」（画像）を隙間なく、重なりもなく貼り付けたものを、「キューブ・マップ」と言います。

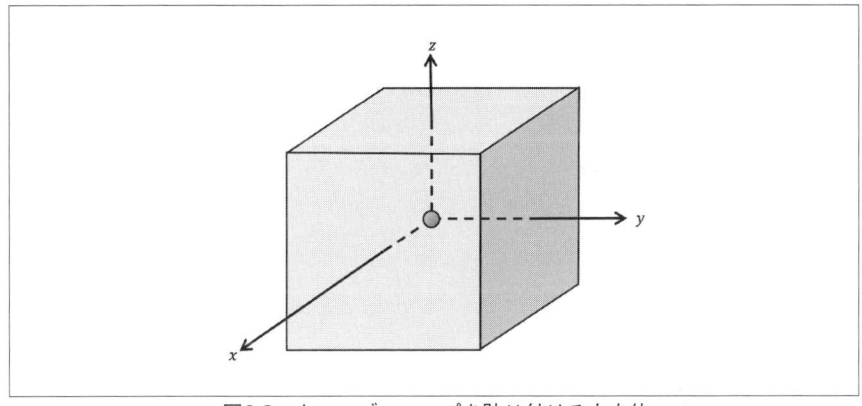

図6.8　キューブ・マップを貼り付ける立方体

「対象オブジェクト」が、「透明なガラス」や「プラスチック」であれば、「光の屈折」を利用し、「屈折環境マッピング」を構成できます。

図6.9に、その概念図を示します。

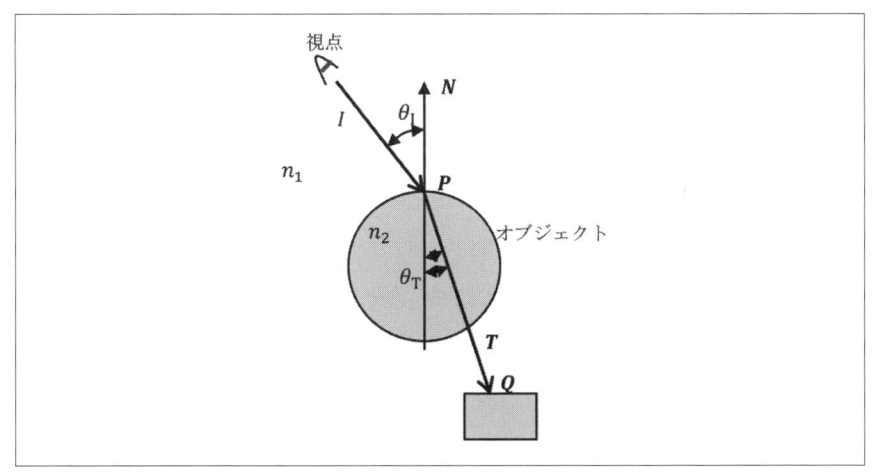

図6.9　屈折環境マッピングの概念図
オブジェクトのP点には環境のQ点の色がマッピングされる。

「視点」から「透明オブジェクト」の「P点」を見たとき、「入射ベクトル」（I）は「屈折ベクトル」（T）方向へ屈折します。

第6章 水面シミュレーション
Simulation of Water Surface

「空気中の屈折率」を「n_1」、「オブジェクトの屈折率」を「n_2」、「入射角」を「θ_I」、「屈折角」を「θ_T」とします。

「オブジェクト」から空気中へ抜けるときの「屈折」を無視すると、「屈折ベクトル」は、

$$T = \frac{I - \left(\sqrt{n^2 - 1 + \cos^2\theta_I} - \cos\theta_I\right)N}{n} \tag{6.11}$$

となります。

ここで、

$$n = \frac{n_2}{n_1} \tag{6.12}$$

$$\cos\theta_I = -I \cdot N \tag{6.13}$$

です。

「n」は「比屈折率」であり、「空気中」から「水」や「ガラス」に入射するときは「$n > 1$」ですが、逆の場合は「$n < 1$」となります。

そのときは、式(6.11)の「根号内部」が「負」となることがあり、「全反射」が生じます。

「屈折ベクトル」または「全反射ベクトル」が、環境に存在する物体の「Q点」で交差したとき、その物体の色は「P点」の色になります。

6.3.2 プロジェクト

「GP_Refraction」は、「GP_VortexWave3」に「屈折環境マッピング」を追加したプロジェクトです。

(1) 準備

「キューブ・マッピング」を利用した「屈折環境マッピング」を実行するために、「テクスチャ・オブジェクト」「フレームバッファ・オブジェクト」を追加し、それぞれ「5個」となります。

さらに、「レンダーバッファ・オブジェクト」も必要です。

「オブジェクト中心」(あるいは視点)から見た「6枚の画像」を保存するための、「テクスチャ・メモリ」を確保するために、「6つ」の「ターゲット名」が必要です。

「グローバル変数領域」において、「構造体」(Target)で定義しています。

これには、「ターゲット名」(「GL_TEXTURE_CUBE_MAP_NEGATIVE」など)のほか、「注視点」や「上方向ベクトル」なども定義しています。

＊

6.3 「屈折環境マッピング」の追加

本書のプロジェクトは、「鉛直軸」を「z軸」としていますが、「上方向ベクトル」は「鉛直軸」を「y軸」とした座標系で定義しています。

*

「setFramebufferCube()」ルーチンで、「レンダーバッファ・オブジェクト」(rbo)を利用できるようにセットし、「キューブ・マップ」用の「フレームバッファ・オブジェクト」(fbo[4])と関連付けています。

「setCubeMap()」ルーチンで、「キューブ・マップ」用の「テクスチャ・オブジェクト」(texID[4])を生成し、「glTexImage2D()関数」で「6枚ぶんのテクスチャ」を定義しています。
「glTexParameteri()関数」で、「キューブ・マップ」用の「3次元テクスチャ」を設定しています。

(2) テクスチャの作成

「キューブ・マッピング」では、最初に、「オブジェクト中心」から見た「6枚のテクスチャ」を作ります。
しかし、「透明オブジェクト」が平らな場合は、「比屈折率」が「1」であっても、非常に拡大された画像になります。
このプロジェクトでは、「オブジェクト中心」ではなく、実際の「視点」(観測者の目の位置、カメラ位置)にしています。
このように変更すると、「写り込むイメージ」は、極めて改善されます。

この「キューブ・マップ」を作るルーチン「makeTextureCubeMapping()」を、リスト6.5に示します。

リスト6.5 「GP_Refraction」の「makeTextureCubeMapping()」

```
void makeTextureOfCubeMapping()
{
  glBindFramebufferEXT( GL_FRAMEBUFFER_EXT, fbo[4] );

  // 透視変換行列の設定
  glMatrixMode(GL_PROJECTION);
  glLoadIdentity();
  gluPerspective(90.0, 1.0, 0.1, 100.0);//視野角を90°
  // モデルビュー変換行列の設定
  glMatrixMode(GL_MODELVIEW);
  glLoadIdentity();

  //視点から見たシーンを屈折マッピングに利用
  for (int i = 0; i < 6; ++i)
  {
```

第6章 水面シミュレーション
Simulation of Water Surface

```
    glFramebufferTexture2DEXT(GL_FRAMEBUFFER_EXT, GL_COLOR_AT
TACHMENT0_EXT, c_target[i].name, texID[4], 0);
    glViewport(0, 0, CUBE_WIDTH, CUBE_HEIGHT);
    //カラーバッファ,デプスバッファのクリア
    glClear(GL_COLOR_BUFFER_BIT | GL_DEPTH_BUFFER_BIT);
    glPushMatrix();
    //視点から見えるものをレンダリング
    gluLookAt(view.vPos.x, view.vPos.y, view.vPos.z, view.vPos.x+c_
target[i].cx, view.vPos.y + c_target[i].cy, view.vPos.z + c_target
[i].cz, c_target[i].ux, c_target[i].uy, c_target[i].uz);

    //光源設定
    glLightfv(GL_LIGHT0, GL_POSITION, lightPos);

    if(view.vPos.z < waveHeight)//視点が水面より下
    {
       drawUpperObject();//水面上のオブジェクト
    }
    drawLowerObject();
    glPopMatrix();
  }
  glBindFramebufferEXT( GL_FRAMEBUFFER_EXT, 0 );
}
```

　このプロジェクトでは、「解析領域」の周囲は「水槽の壁」であり、「固定障害物」としています。
　ただし、手前(負のy軸方向)には「固定障害物」を置かず、「透明な壁」が置かれていると仮定しています。
　屈折は水面に対してだけであり、この透明な壁に対しては考慮していません。
　「波動」に対する「境界条件」は、「自由境界条件」としています。

　「移動物体」(「rigid[0]」と「rigid[1]」)は、「上下」の「2個」に分けてあり、「視点」が「水面から上」にあるときは、「上の部分」(rigid[0])を「キューブ・マップ」の対象から外しています。
　「上の物体」が浮き上がるのを防ぐためです。
　同じように、「水槽の壁」も「水面以下」と「水面以上」に分けています。

*

　このルーチンにおいて、きわめて重要な注意点は、「gluLookAt()コマンド」の下の行に、「光源設定」の「glLightfv()コマンド」を必要とすることです。
　これを省略すると、**前著(26)**のように、「視点」の位置によって「偽の像」が現われ、視覚的に好ましくない結果になります。

6.3 「屈折環境マッピング」の追加

(3) 頂点シェーダ

「屈折の効果」を計算する「シェーダ側」のプログラムは、「rendering.vert」と「rendering.frag」に追加しています。

リスト6.6に、「頂点シェーダ」を示します。

リスト6.6 「GP_Refraction」の「rendering.vert」

```glsl
#extension GL_ARB_texture_rectangle: enable
uniform sampler2DRect samplerWave;
uniform int texWidth, texHeight;
uniform float sizeX, sizeY;
uniform float height;//水面の高さ

uniform float nRatio;
uniform int flagInverse;

varying vec4 refCoord;
varying vec3 P;
varying vec3 N;

vec3 calcRefract(vec3 I, vec3 N, int flagInverse);

void main(void)
{
  vec3 T;//接線ベクトル
  vec3 B;//従法線ベクトル
  vec2 grad;

  //テクスチャ座標の中心を移動
  vec2 texPos = gl_Vertex.xy + vec2(float(texWidth/2), float(texHeight/2));

  float p1, p2;
  float delta = 0.1;//差分間隔
  float pp = texture2DRect(samplerWave, texPos).b;//合成された変位量

  //勾配
  p1 = texture2DRect(samplerWave, texPos + vec2(-delta, 0.0)).b;
  p2 = texture2DRect(samplerWave, texPos + vec2( delta, 0.0)).b;
  grad.x = (p2 - p1) / (2.0 * delta);//x方向微分
  p1 = texture2DRect(samplerWave, texPos + vec2(0.0, -delta)).b;
  p2 = texture2DRect(samplerWave, texPos + vec2(0.0,  delta)).b;
  grad.y = (p2 - p1) / (2.0 * delta);//y方向微分

  //辺の長さをsizeX,sizeYに変換
  gl_Vertex.x *= sizeX / float(texWidth-1);
  gl_Vertex.y *= sizeY / float(texHeight-1);

  gl_Vertex.z = height + pp;//物理量(表示上の高さを調整)
```

第6章 水面シミュレーション
Simulation of Water Surface

```
  P = vec3(gl_ModelViewMatrix * gl_Vertex);
  N = normalize(gl_NormalMatrix * gl_Normal).xyz;
  // x方向接線ベクトル
  T = normalize(gl_NormalMatrix * vec3(1.0, 0.0, 0.0)).xyz;
  // 従法線ベクトル
  B = normalize(gl_NormalMatrix * vec3(0.0, 1.0, 0.0)).xyz;
  // 新法線ベクトル
  N = normalize(N - grad.x * T - grad.y * B);

  // 屈折ベクトルの計算
  vec3 incident = normalize(P);// 入射ベクトル
  vec3 TT = calcRefract(incident, N, flagInverse) ;// その屈折ベクトル
  refCoord = gl_ModelViewMatrixTranspose * vec4(TT, 0.0) ;// 屈折ベクトルによるテクスチャ座標

  gl_Position = ftransform();
}

//-------------------------------------------------------------
vec3 calcRefract(vec3 I, vec3 N, int flagInverse)
{// 屈折ベクトルの計算

  if(flagInverse == 1){// 視点が水面以下
    N = - N;
    nRatio = 1.0 / nRatio;
  }
  float cosIN = dot(-I, N);
  float a = nRatio * nRatio - 1.0 + cosIN * cosIN;
  if(a < 0.0) return reflect(I, N);// 全反射
  else return (I - N *(sqrt(a) - cosIN)) / nRatio;
}
```

「コメント文」(//屈折ベクトル)の下3行で「屈折ベクトル」を求め、「環境の色」を求めるための「テクスチャ座標」(refCoord)を計算しています。

式(6.11)の計算は、「サブルーチン」(calcRefract())で行なっています。

(4) フラグメント・シェーダ
リスト6.7に、「フラグメント・シェーダ」を示します。

リスト6.7 「GP_Refraction」の「rendering.frag」
```
uniform samplerCube smplRefract;
uniform float transparency;

varying vec4 refCoord;
```

6.3 「屈折環境マッピング」の追加

```
varying vec3 P;//位置ベクトル
varying vec3 N;//法線ベクトル

void main(void)
{
  //光源ベクトル
  vec3 L = normalize(gl_LightSource[0].position.xyz - P);

  vec4 ambient = gl_FrontLightProduct[0].ambient;
  float dotNL = dot(N, L);
  vec4 diffuse = (gl_FrontLightProduct[0].diffuse * max(0.0,
dotNL) );
  vec3 V = normalize(-P);
  vec3 H = normalize(L + V);
  float powNH = pow(max(dot(N, H), 0.0), gl_FrontMaterial.shin
iness);
  if(dotNL <= 0.0) powNH = 0.0;
  vec4 specular = gl_FrontLightProduct[0].specular * powNH;

  vec4 refColor = textureCube(smplRefract, refCoord.stp);
  gl_FragColor = mix(ambient + diffuse, refColor, transparen
cy) + specular;
}
```

「屈折環境の色」は、次のように「キューブ・マップ」用の「アクセス関数」(textureCube())を利用して求めます。

```
vec4 refColor = textureCube(smplRefract, refCoord.stp);
```

「smplRefract」は、「キューブ・マップ」の「テクスチャ・オブジェクト」(texID[4])に関連付けられた「サンプラ」であり、「refCoord」は「頂点シェーダ側」で求めた「キューブ・マップ」用の「テクスチャ座標」です。

「フラグメント・シェーダ」の最終行で、「mix()関数」を利用し、「水面の元の色」と「屈折環境色」を混合し、「合成された色」を計算しています。

「透明度」(transparency)が「1」のときは、「屈折環境色」だけになります。

(5) 実行例

このプロジェクトでは、「波動」に関する「パラメータ」、および「比屈折率」(nRatio)や「透明度」(transparency)を「GLUIウィンドウ」の「スピナー」で変更できます。

図6.10に「nRatio=1.0」「transparency=0.5」のときの「初期状態」を示します。

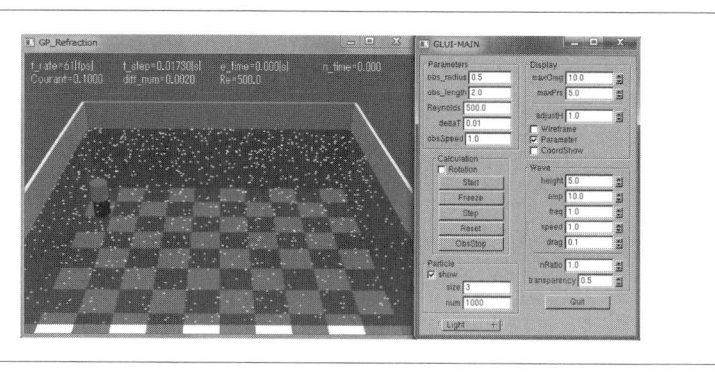

第6章 水面シミュレーション
Simulation of Water Surface

図6.10 屈折環境マッピングの初期状態(GP_Refraction)

図6.11は、どちらも「nRatio=1.02」「transparency=0.5」です。

(a) 視点が水面より上　　(b) 視点が水面より下

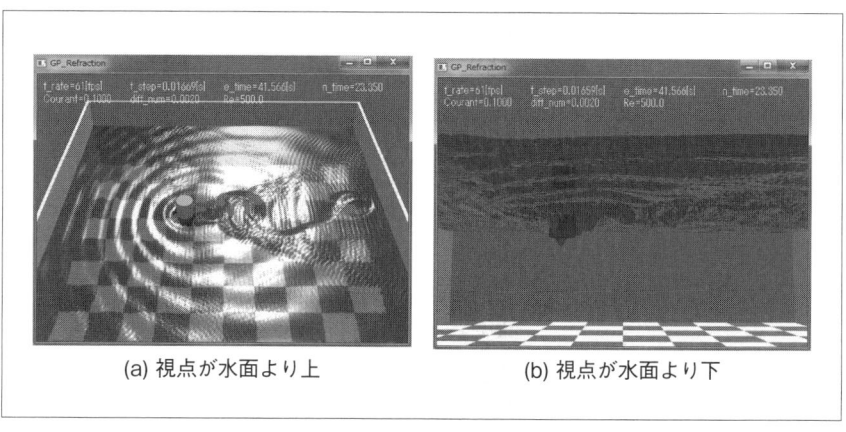

図6.11 屈折環境マッピングの例(GP_Refraction)
nRatio=1.02, transparency=0.5

「粒子」を「非表示」にして、「水面」の「渦」や「波動」を見やすくしています。

＊

(a)は「視点」が「水面」より上の場合、(b)は下の場合です。
それなりに「屈折」および「全反射」の効果が表われています。
「比屈折率」の値は、実際よりも小さな値でよさそうです。
「渦」だけを見たいときは、「[Wave]パネル」の「[amp]エディットボックス」を「0.0」として実行します。
よく見ると、物理的に正確でないことが分かります。
「環境マッピング」は、あくまでも一見して"それらしく"見えればよいのです。

6.4 「投影マッピング」による「集光模様」の追加

「水面」に「凹凸」があれば、「光の屈折」によって「水面下」では「明るさの強弱」が発生し、「物体」に「集光模様」(コースティクス：caustics)を描きます。

ここでは、「投影マッピング」を利用した「集光模様」を作ります。

プロジェクト名は「GP_Caustics1」です。

6.4.1 「GLSL」による「投影マッピング」

「投影マッピング」は、「スライド投影機」のように、「オブジェクト表面」に「テクスチャ」を「マッピング」する技法です。

「テクスチャ」として、「水面」の「凹凸」を利用します。

(1) 準備

「テクスチャ・オブジェクト」は「集光模様」用を追加し、「6個」とします。

同じ値ですが、「RGB」3色ぶんの「1次元配列」(caus[])を確保します。

これらは「256階調」の色を表わすので、「GLubyte型」で確保します。

リスト6.8に示すように、「テクスチャ・オブジェクト」(texID[5])と(caus[])を結合します。

リスト6.8　「GP_Caustics1」の「setTextureCaus()」ルーチン

```
void setTextureCaus()
{
  glBindTexture(target, texID[5]);
  //ピクセル格納モード
  glPixelStorei(GL_UNPACK_ALIGNMENT, 1);
  //テクスチャの割り当て
  glTexImage2D(GL_TEXTURE_2D,0,GL_RGB,texWidth,texHeight,0,GL_RGB,GL_UNSIGNED_BYTE, caus);
//テクスチャを拡大・縮小する方法の指定
  glTexParameteri(GL_TEXTURE_2D,GL_TEXTURE_WRAP_S, GL_CLAMP);
  glTexParameteri(GL_TEXTURE_2D,GL_TEXTURE_WRAP_T, GL_CLAMP);
  glTexParameteri(GL_TEXTURE_2D,GL_TEXTURE_MAG_FILTER,GL_LINEAR);
  glTexParameteri(GL_TEXTURE_2D,GL_TEXTURE_MIN_FILTER,GL_LINEAR);
  glBindTexture(target, 0);
}
```

(2) 「テクスチャ」の作成

「集光模様」は、「水面」の「凹凸」が「レンズ」のように作用し、「光線の屈折」によって生じます。

第6章 水面シミュレーション
Simulation of Water Surface

　ここでは、単純に「水面変位量」の勾配を利用して、それらしい「テクスチャ」を作っています。

　リスト6.9に「wavePos.frag」を示します。

リスト6.9　「GP_Caustics1」の「wavePos.frag」

```glsl
#extension GL_ARB_texture_rectangle: enable
uniform sampler2DRect samplerVelX;
uniform sampler2DRect samplerVelY;
uniform sampler2DRect samplerWave;
uniform int meshX, meshY;
uniform float maxOmg, maxPrs;
uniform float adjustH;
uniform float adjustC;
uniform float deltaT;

varying vec2 texPos;

void main(void)
{
  vec4 wave = texture2DRect(samplerWave, texPos) ;

  wave.g += wave.r * deltaT;//wave.rはz軸方向速度

  //自由境界条件
  if(texPos.x == 0.0) wave.g = texture2DRect(samplerWave, texPos + vec2(1.0, 0.0)).g;
  if(texPos.x == float(meshX)) wave.g = texture2DRect(samplerWave, texPos + vec2(-1.0, 0.0)).g;
  if(texPos.y == 0.0) wave.g = texture2DRect(samplerWave, texPos + vec2(0.0, 1.0)).g;
  if(texPos.y == float(meshY)) wave.g = texture2DRect(samplerWave, texPos + vec2(0.0, -1.0)).g;

  //合成
  wave.b = -abs(texture2DRect(samplerVelY, texPos).a) / maxOmg;
  wave.b += texture2DRect(samplerVelX, texPos).a / maxPrs ;//圧力成分も加える
  wave.b += wave.g;//波動を加える
  wave.b *= adjustH;

  //勾配
  float delta, p1, p2;
  float c = 0.0;
  vec2 grad;
  delta = 0.5;
  p1 = texture2DRect(samplerWave, texPos + vec2(-delta, 0.0)).b;
  p2 = texture2DRect(samplerWave, texPos + vec2( delta, 0.0)).b;
  grad.x = (p2 - p1) / delta;//x方向微分
```

6.4 「投影マッピング」による「集光模様」の追加

```
        p1 = texture2DRect(samplerWave, texPos + vec2(0.0, -delta)).b;
        p2 = texture2DRect(samplerWave, texPos + vec2(0.0,  delta)).b;
        grad.y = (p2 - p1) / delta;//y方向微分
        c = length(grad) ;
        c *= c*c;
        wave.a = 0.5 + c * adjustC;//0.5は集光模様がないときの明るさ
        wave.a = clamp(wave.a, 0.0, 1.0);

        gl_FragColor = wave;
}
```

　このプログラムによって、「変位量の勾配」の「絶対値」の「3乗」に比例した「集光模様」が得られます。

　「比例定数」(adjustC)は、「GLUIウィンドウ」で変更できます。
　「集光模様」は「wave.a」に格納されます。
　これは、「CPU側」の「wave[4*k+3]」に相当します。

　「CPU側」でこの値を取り出し、「配列」(caus[])に格納します。
　そのために、「renewWavePos()」ルーチンにおいて、「glReadPixels()関数」を有効にしておき、以下を追加します。

```
int i, j, k, k3;
for(j = 0; j < texHeight; j++)
for(i = 0; i < texWidth; i++)
{
k = i + j * texWidth;
k3 = 3 * k;
caus[k3] = caus[k3 + 1] = caus[k3 + 2] = 255.0 * wave[k*4 + 3];
}
setTextureCaus();
```

(3)「テクスチャ」に対する「モデリング変換」

　「投影マッピング」に使う「座標系」には、①「オブジェクト座標系」と②「視点座標系」があります。
　①の場合は、同じ「テクスチャ」が各「オブジェクト」に固定し、②の場合は、シーン全体にひとつの「テクスチャ」が貼り付きます。
　いま必要としているのは、②です。

　「視点座標系」で「マッピング」するには、「アプリケーション側」で「オブジェクト」に対する「モデリング変換」を、「テクスチャ」に対しても、適用しなければなりません。
　「モデリング変換」は個々の「オブジェクト」に固有なものなので、それぞれの「描画

第6章 水面シミュレーション
Simulation of Water Surface

関数内部」で作る必要があります。

「テクスチャ行列」に対する「透視投影変換」は、各「オブジェクト」に共通なので、その部分を「setTextureMatrix()」にまとめてあります。

リスト6.10に示します。

この関数を、各「オブジェクト」の「描画関数」において、コールします。

リスト6.10 「GP_Caustics1」の「setTextureMatrix()」ルーチン

```
void setTextureMatrix()
{
  //テクスチャ変換行列を設定する
  glMatrixMode(GL_TEXTURE);
  glLoadIdentity();
  //正規化座標の[-0.5,0.5]の範囲をテクスチャ座標の範囲[0,1]に変換
  glTranslatef(0.5, 0.5, 0.0);
  float fovC = 2.0 * RAD_TO_DEG * atan2(rect.size.x, (lightP
os[2] - waveHeight));
  gluPerspective(fovC, 1.0, 1.0, 100.0);
  //投影中心=光源位置
  gluLookAt(lightPos[0], lightPos[1], lightPos[2], 0.0, 0.0,
waveHeight, 0.0, 1.0, 0.0);
}
```

「行列モード」を「テクスチャ行列」に変更し、「テクスチャ座標のシフト」「透視投影」「視野変換」などを行なっています。

「テクスチャ座標」(s,t)は$[0,1]$の間に「正規化」されているため、「オブジェクトの中心」に「テクスチャの中心」が重なるように、シフトする必要があります。

「gluPerspective()コマンド」による「透視投影」を用いて、「テクスチャ」を「投影」します。

図6.12に示すように、「水面以下」の「水槽の側面」にも「集光模様」を「マッピング」するために、「投影面」を「水面」に一致させています。

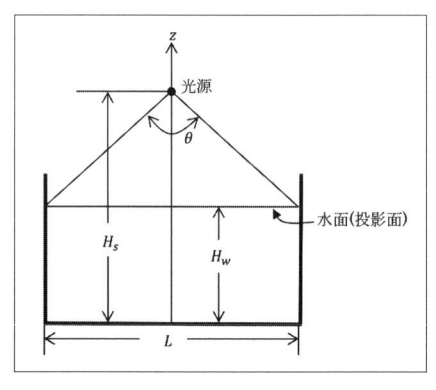

図6.12 投影マッピングにおける視野角の計算

6.4 「投影マッピング」による「集光模様」の追加

「中心軸」上に「投影光源」がある場合には、「視野角」(θ)を、

$$\theta = 2\tan^{-1}\frac{L}{H_s - H_w} \qquad (6.14)$$

によって計算します。

ここで、「L」は「水槽の幅」で、「H_s」は「光源の高さ」、「H_w」は「水面の高さ」です。

上式において、「L」ではなく「$L/2$」が正しいように思われますが、実行してみると、上式のほうがいい結果になります。

このようにして、「投影面」がちょうど「水面」の「四角形」に一致するように、自動調整されます。

「gluLookAt()関数」によって、「投影光源」と「投影されるシーン」の「中心位置」および「テクスチャ」の「上方向」を指定します。

「投影光源」を「実際の光源」と一致させているので、「GLUIウィンドウ」で「光源位置」を変化させると、「テクスチャ」も移動します。

(4)「投影マッピング」の実行プログラム

「GLSL」による「投影マッピング」では、(5)以降に示す「頂点シェーダ」と「フラグメント・シェーダ」が必要です。

これらに関連付けられている「シェーダ・プログラム名」は、「shader8」です。

「アプリケーション側」では、「display()」ルーチンにおいて、「水面」および「水面より上」の物体を描画した後で、以下のコードを追加します。

```
//投影マッピング
glActiveTexture(GL_TEXTURE0);
glBindTexture(target, texID[5]);//caus[]
// シェーダ・プログラムの適用
glUseProgram(shader8);
GLint texLoc = glGetUniformLocation(shader8, "samplerCaus");
glUniform1i(texLoc, 0);//GL_TEXTURE0を適用
drawLowerObject();
fish1.motion1(elapseTime2);
fish2.motion1(elapseTime2);
// シェーダ・プログラムの適用を解除
glUseProgram(0);
```

ここで、「fish1」「fish2」は「魚」を模した「仮想生物」です。

第6章 水面シミュレーション
Simulation of Water Surface

「仮想生物」に対しても、「集光模様」が描かれます。

上のコードを「makeTextureOfCubeMapping()」ルーチンにも追加します。

こうすることによって、「視点」が「水面より上」にあるときでも、「水面」を通して「集光模様」が見れます。

(5)「シェーダ側」のプログラム

「頂点シェーダ」をリスト6.11に示します。

リスト6.11 「GP_Caustics1」の「projection.vert」

```
varying vec3 P;
varying vec3 N;

void main(void)
{
  P = vec3(gl_ModelViewMatrix * gl_Vertex);
  N = normalize(gl_NormalMatrix * gl_Normal);
  gl_TexCoord[0] = gl_TextureMatrix[0] * gl_Vertex;
  gl_Position = ftransform();
}
```

「テクスチャ座標」を、「テクスチャ行列」と「頂点座標」の「積」で求めます。

「フラグメント・シェーダ」では、この「テクスチャ座標」を用いて、「テクスチャ」をサンプリングします。

リスト6.12に、「フラグメント・シェーダ」を示します。

リスト6.12 「GP_Caustics1」の「projection.frag」

```
varying vec3 P;
varying vec3 N;
uniform sampler2D samplerCaus;

void main(void)
{
  vec3 L = normalize(gl_LightSource[0].position.xyz - P);
  N = normalize(N);

  vec4 ambient = gl_FrontLightProduct[0].ambient;
  float dotNL = dot(N, L);
  vec4 diffuse = gl_FrontLightProduct[0].diffuse * max(0.0, do
tNL);
  vec3 V = normalize(-P);
  vec3 H = normalize(L + V);
  float powNH = pow(max(dot(N, H), 0.0), gl_FrontMaterial.shin
iness);
  if(dotNL <= 0.0) powNH = 0.0;
  vec4 specular = gl_FrontLightProduct[0].specular * powNH;
```

6.4 「投影マッピング」による「集光模様」の追加

```
  vec4 projColor = texture2DProj(samplerCaus, gl_TexCoord[0]);
  if(dotNL > 0.0)
    gl_FragColor = (ambient + diffuse) * projColor + specular;
  else
    gl_FragColor = (ambient + diffuse) * 0.5 ;//裏側は平均の明るさ
}
```

「投影マッピング」用の「テクスチャ・アクセス関数」は、「texture2DProj()関数」です。

(2)で述べた「集光模様」の「配列」(caus[])に関連付けられた「サンプラ」(samplerCaus)をサンプリングして、「テクスチャの色」(projColor)を得ることができます。

元の「シーンの色」(拡散色＋環境色)との「積」を取ると、「集光模様」が組み込まれた色になります。

6.4.2 実行例

図6.13に「GP_Caustics1」の実行例を示します。

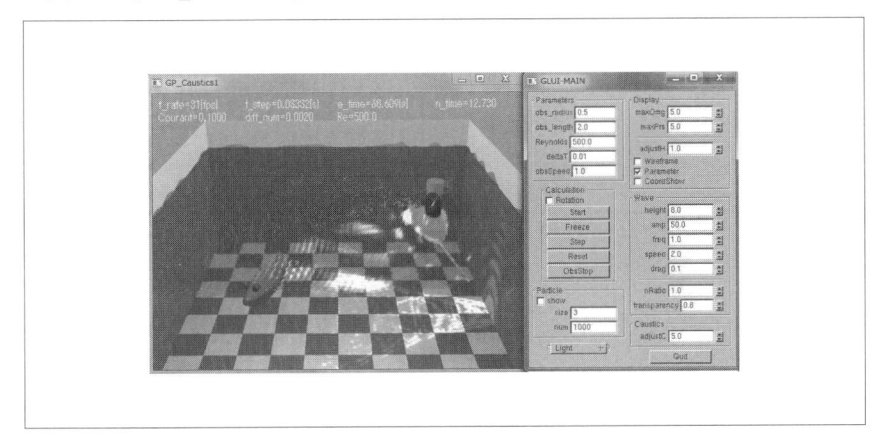

図6.13　コースティックスを加えたプロジェクト1（GP_Caustics1）
nRatio=1.0

この例では、「比屈折率」が「nRatio=1.0」で、「屈折のない状態」です。
「nRatio=1.02」としたときの実行例を、図6.14に示します。

第6章 水面シミュレーション
Simulation of Water Surface

(a) 視点が水面より上　　　　　(b) 視点が水面より下

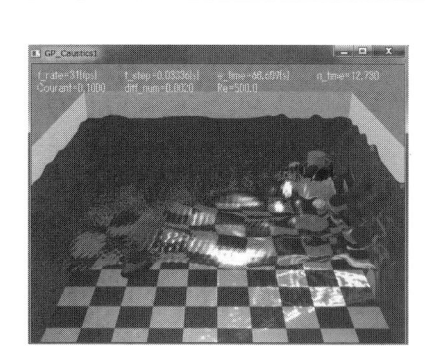

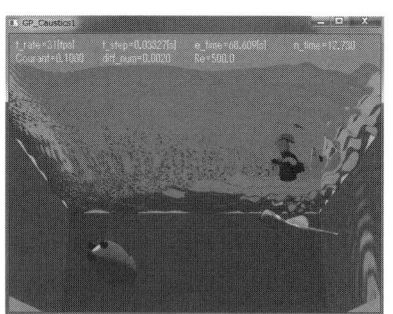

図6.14　コースティックスを加えたプロジェクト2（GP_Caustics1）
nRatio=1.02

(a)は「視点」が「水面より上」にあり、(b)は「水面より下」にあります。

なお、「集光模様」の強さは、「GLUIウィンドウ」の「[Caustics]パネル」の「[adjust]スピナー」で変更できます。

このプロジェクトでは、「手前」（「負」の「y軸方向」）にも「壁」を置いています。
「水槽の壁面」および「底面」には、「厚さのない平面」で「レンダリング」しています。
「drawLowerObject()」および「drawUpperObject()関数」において、

```
glEnable(GL_CULL_FACE);
glCullFace(GL_BACK);
```

を追加することで、「視点」から見て「裏面」になる「水槽の壁面」および「底面」は、「透明」になります。

＊

「GP_Caustics2」は、「集光模様」に加えて、「底面」にだけ「影」を与えるように改良したプロジェクトです。
「水槽の底」にひとつの「球」を固定してあります。
「影表示」は「[Display]パネル」の「[ShadowShow]チェックボックス」で切り替えられます。

図6.15は「nRatio=1.0」であり、「屈折」のないシーンです。

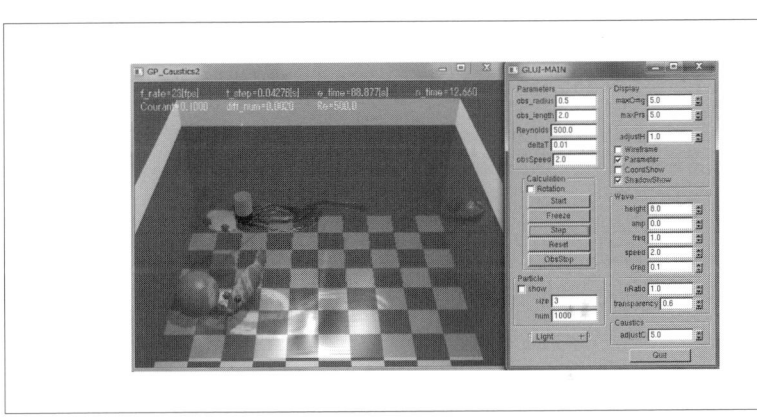

6.4 「投影マッピング」による「集光模様」の追加

図6.15 影を与えたプロジェクト1(GP_Caustics2)
nRatio=1.0

図6.16は、「nRatio=1.02」のときのシーンです。

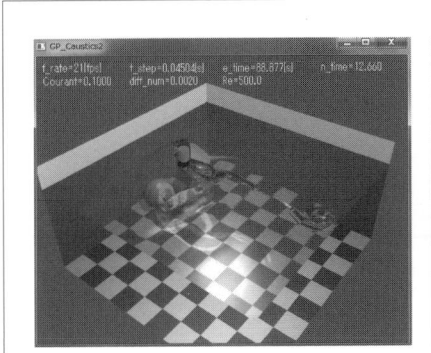

(a) 視点が水面より上 　　　　　　(b) 視点が水面より下

図6.16 影を与えたプロジェクト2(GP_Caustics2)
nRatio=1.02

(a)は「視点」が「水面より上」にあり、(b)は「下」にあります。
「視点」の「平面位置」は、(a)のときのほぼ反対側です。

図6.15と図6.16は、「[Wave]パネル」の「[amp]スピナー」を「0」にしたときの実行例であり、「渦」だけを、はっきりと見ることができます。

参考文献

(1) D.シュライナー, M.ウー, J.ニーダー, T.デーヴィス(松田晃一訳)；OpenGLプログラミングガイド(原著第5版), アジソン・ウエスレイ, 2006年.

(2) Randi J. Rost；OpenGL Shading Language Second Edition, Addison-Wesley, 2006年.

(3) R.Fernando, M.J.Kilgard (中本浩訳)；The Cg Tutorial (日本語版), ボーンデジタル, 2003年.

(4) Randima Fernando (中本浩訳)；GPU Gems, ボーンデジタル, 2004年.

(5) 金谷一朗；3D-CGプログラマーのためのリアルタイムシェーダー[理論と実践], 工学社, 2004年.

(6) 床井浩平；GLUTによるOpenGL入門, 工学社, 2005年.

(7) 床井浩平；GLUTによるOpenGL入門2 テクスチャマッピング, 工学社, 2008年.

(8) 三浦憲二郎；OpenGL3Dグラフィックス入門, 朝倉書店, 1996年.

(9) 橋本洋志, 小林裕之；OpenGLによる3次元CGアニメーション, オーム社, 2005年.

(10) 安居院猛, 関根詮明；入門OpenGLグラフィックス, 森北出版, 2001年.

(11) 関根詮明, 安居院猛；入門OpenGLグラフィックス, 森北出版, 2003年.

(12) M.オローク(袋谷賢吉, 大久保篤志訳)；3次元コンピュータ・アニメーションの原理, トッパン, 1997年.

(13) 峯村吉泰；CとJavaで学ぶ 数値シミュレーション入門, 森北出版, 1999年.

(14) 峯村吉泰；Javaによる 流体・熱流動の数値シミュレーション入門, 森北出版, 2001年.

(15) 石綿良三；流体力学入門, 森北出版, 2000年.

(16) 有田正光；流れの科学, 東京電機大学出版局, 1998年.

(17) 髙見穎郎, 河村哲也；偏微分方程式の差分解法, 東京大学出版会, 1994年.

(18) 河村哲也；流れのシミュレーションの基礎, 山海堂2002年.

(19) 河村哲也；流れのシミュレーションの応用, 山海堂2005年.

(20) 梶島岳夫；乱流の数値シミュレーション, 養賢堂, 1999年.

(21) 矢部孝, 内海隆行, 尾形陽一；CIP法, 森北出版, 2003年.

(22) 矢部孝, 尾形陽一, 滝沢研二；CIP法とJavaによる CGシミュレーション, 森北出版, 2007年.

(23) 佐藤光三；ポテンシャル流れの 複素変数境界要素法, 培風館, 2003年.

(24) 矢川元基；パソコンで見る流れの科学, 講談社, 2001年.

(25) 酒井幸市；OpenGLでつくる3次元CG＆アニメーション, 森北出版, 2008.

(26) 酒井幸市；OpenGL+GLSLによる3D-CGアニメーション, 工学社, 2009年.

(27) 酒井幸市；OpenGL+GLSLによる 物理ベースCGアニメーション, 工学社, 2011年.

(28) 酒井幸市；OpenGL+GLSLによる 物理ベースCGアニメーション2, 工学社, 2012年.

索 引

五十音順

あ行

- あ 圧縮性 ……………………………… 24
  - 圧縮性流体 …………………………… 27
  - 圧力 …………………………………… 24
  - 圧力項 ……………………………… 118
  - 圧力等高線 ………………………… 162
- い 移流拡散 ……………………………… 90
  - 移流項 …………………………… 76,118
  - 移流方程式 ……………………… 76,188
  - 陰解法 ……………………………… 83
- う 渦 …………………………………… 26
- え エルミート補間 ……………………… 78
- お オイラーの運動方程式 ………… 116,118
  - オイラーの公式 …………………… 31
  - オイラー微分 ……………………… 117
  - オイラー法 ………………………… 62
  - オブジェクト座標系 …………… 211

か行

- か 解析関数 …………………………… 43
  - 解析領域 …………………… 64,184
  - 回転演算子 ………………………… 28
  - 外力項 …………………………… 118
  - ガウス=ザイデル法 ……………… 63
  - 拡散方程式 ……………………… 83
  - 風上差分 ………………………… 76
  - 過度 ……………………………… 25
  - 過度輸送方程式 ………………… 121
  - カルマン渦 ……………………… 129
  - 環境マッピング ………………… 200
  - 干渉 ……………………………… 190
  - 干渉パターン …………………… 196
  - 慣性項 …………………………… 118
  - 完全陰解法 ……………………… 91
- き 軌跡 ……………………………… 30
  - 基本境界条件 ………………… 65,166
  - キャビティ ……………………… 134
  - キャビティ問題 ………………… 134
  - キューブ・マッピング …………… 200
  - キューブ・マップ ………………… 201
  - 境界層 …………………………… 26
  - 境界値問題 ……………………… 62
  - 強制渦 …………………………… 25
  - 共役複素数 ……………………… 32
  - 共役複素速度 …………………… 38
  - 極形式 …………………………… 31
  - 極限の式 ………………………… 60
  - 極座標変換 …………………… 140
  - 虚数単位 ………………………… 31
- く 食い違い格子 …………………… 150
  - クーラン数 ……………………… 77
  - 屈折環境マッピング ……………… 200
  - 屈折ベクトル …………………… 202
  - 屈折マッピング ………………… 200
  - クッタ=ジューコフスキーの定理 … 43
  - クッタの条件 …………………… 45
  - くぼみ …………………………… 134
  - 組み合わせ渦 …………………… 26
  - クランク=ニコルソン法 ………… 91
- こ 格子分割数 …………………… 184
  - 剛体回転 ………………………… 25
  - 後退差分 ………………………… 61
  - 勾配 ……………………………… 27
  - コーシー=リーマンの関係式 …… 32
  - コースティックス ……………… 209
  - 固定境界条件 ………………… 190

さ行

- さ 差分表示 ………………………… 60
  - 差分法 …………………………… 60
  - 差分方程式 ……………………… 61
  - 3次元流体 ……………………… 25
- し シェーダ言語 …………………… 55
  - 時間刻み ………………………… 61
  - 時間微分項 …………………… 118
  - 自然境界条件 ………………… 65,166
  - 実質微分 ……………………… 116
  - 視点座標系 …………………… 211

索 引

支配方程式	27
写像関数	43
写像空間	43
自由渦	25
自由境界条件	190
集光模様	209
ジューコフスキーの翼形	46
ジューコフスキー変換	43
純陰解法	91
循環	40
消去法	63
上流差分	76
初期条件	61
初期値	61
初期値問題	61
進行波	190

す
吸い込み	34
数値拡散	77
スタガード格子	150
ストークス流れ	119
ストローハル数	146
スフィア・マッピング	200

せ
正則関数	32
絶対速度	35
前進差分	61
せん断応力	24
せん断変形	25
尖点	46
全反射ベクトル	202

そ
速度-圧力法	120
速度ポテンシャル	28,68

た行

た
第1種境界条件	65
第2種境界条件	65
対数特異点	35
タイム・ステップ	61
対流項	76
対流方程式	76
ダクト	126,134
ダブレット	37
ダミー領域	190

ち
チェッカーボード不安定	150
中央差分	61

頂点シェーダ	101,109
頂点プロセッサ	101

つ
通常格子	150

て
ディリクレ型境界条件	65
テーラー展開	116
テクスチャ・オブジェクト	104
テクスチャ・メモリ	104,202
テクセル	102

と
等角写像	43
等過度線	126
等間隔格子	142
動粘性抵抗	119
等ポテンシャル線	42
トーマス法	84
特異点	32
ドップラー効果	197

な行

な
流れ関数	28
流れ関数-過度法	120
ナビエ=ストークスの方程式	116
なまり	81

に
2次元拡散方程式	87
2次元格子番号平面	107
二重湧き出し	37
ニュートンの粘性法則	27
ニュートン流体	27

ね
粘性	24
粘性係数	25
粘性項	118
粘性率	25
粘性流体	26
粘度	25

の
ノイマン型境界条件	65

は行

は
発散	28
波動方程式	78,188
半陰解法	91
反射波	190
反射マッピング	200
反復法	63

ひ
非圧縮性流体	27
非屈折率	202

221

索 引

微少時間 ·············· 61
微少ユニット ············ 117
非線形項 ············· 119
非ニュートン流体 ········· 27
非粘性流体 ············ 26
ふ 複素数 ············· 31
　複素数表現 ············ 31
　複素速度ポテンシャル ····· 32
　複素平面 ············· 31
　複素ポテンシャル ······ 32,36
　物理空間 ············· 43
　不等間隔格子 ·········· 142
　負の無限大 ············ 35
　部分段階法 ··········· 148
　フラクショナル・ステップ法 ··· 148
　フラグメント・シェーダ ··· 101,109
　フラグメント・プロセッサ ···· 101
　フレームバッファ・オブジェクト ·· 104
　プロファイル ··········· 46
へ ベクトル演算子 ········· 27
　ヘッダファイル ·········· 57
　ベルヌーイの定理 ········ 42
ほ ポアソン方程式 ········ 62,72
　ポテンシャル流れ ········ 26

ま行
ま マグナス効果 ·········· 43
　マッハ数 ············· 27
む 無次元数 ············ 146
　無反射境界条件 ········ 190
め 面積力 ············· 24
も モデリング変換 ········ 211

や行
や ヤコビ法 ············ 63
ゆ 有限差分法 ············ 60
　有効解析領域 ·········· 190
よ 陽解法 ············ 77,83

ら行
ら ラグランジュ微分 ········ 116
　ラプラス方程式 ········ 64,72
　乱流 ·············· 120
り 理想流体 ············ 26

粒子 ················ 73
粒子アニメーション ········· 51
流線 ············ 30,42,126
流体 ················ 24
流体の回転 ············ 25
れ レイノルズ数 ·········· 119
　レイノルズ数の相似則 ····· 120
　レギュラー格子 ········· 150
　連続体 ·············· 24
　連続の式 ············· 27
　レンダーバッファ・オブジェクト ·· 202
ろ ロビン型境界条件 ········ 65

わ行
わ 湧き出し ············· 34
　湧き出し量 ············ 73

アルファベット順

A
advection equation ········ 76
API ················ 101

C
CFL条件 ·············· 77
CIP法 ················ 78
convection equation ······· 76
Courant number ········· 77
curl ················ 28

D
diffusion equation ········ 83
divergence ············ 28

E
enum列挙型 ············ 66
explicit method ·········· 83

F
FDM ················ 60
finite difference method ····· 60
float型メモリ ············ 171
fractional step method ····· 148

索 引

G
GL_AdvDiffusion1D ······92
GL_Advection ······80
GL_CavityFS ······163
GL_CavityPsiOmega1 ······138
GL_Diffusion1D ······85
GL_Diffusion2D ······88
GL_DuctPsiOmega1 ······129
GL_Laplace1 ······73
GL_Laplace3 ······72
GL_MovingObstacle ······180
GL_Poisson ······73
GL_PotentialFlow1 ······35
GL_PotentialFlow2 ······37
GL_PotentialFlow3 ······42
GL_PotentialPlate ······46
GL_PotentialWing ······48
GL_WaterVortex1 ······187
GLEW ······56
GLSL ······55
GLubyte型 ······209
GLUI ······48
GLUT ······48
GP_AdvDiffusion2D ······95
GP_Caustics1 ······215
GP_Caustics2 ······217
GP_Cylinder ······146
GP_DuctCylinder ······140
GP_DuctPsiOmega1 ······130
GP_MovingObstacle ······181
GP_Refraction ······208
GP_VortexWave1 ······199
GP_VortexWave2 ······200
GP_Wave1 ······191
GP_Wave2 ······196
GP_Wave3 ······197
GPGPU ······55,87
GPU ······55
GPUコンピューティング ······87
gradient ······27
Graphical User Interface ······48
GUT ······48

H
HMAC法 ······148

I
implicit method ······83

M
MAC法 ······148

N
Navier-Stokes equation ······118

O
OpenGL ······55

P
potential flow ······28
pressure ······24

R
Rect構造体 ······68
regular grid ······150
rotation ······28

S
shear stress ······24
SMAC法 ······148
staggered grid ······150
stream function ······28
stream line ······30

T
timestep ······85
transparency ······207
Type列挙型 ······69

V
velocity potential ······28
viscosity ······25
Visual C++ ······55
vorticity ······25

[著者略歴]

酒井　幸市 (さかい・こういち)

1941年	北海道生まれ
1965年	北海道大学工学部電子工学科卒業
同　年	沖電気工業株式会社入社
1974年	釧路工業高等専門学校講師
1988年	釧路工業高等専門学校教授
1993年	函館工業高等専門学校教授
2005年	函館工業高等専門学校名誉教授
工学博士	

[主要著書]

「OpenGL+GLSL による物理ベース CG アニメーション 2」
「OpenGL+GLSL による物理ベース CG アニメーション」
「OpenGL+GLSL による画像処理プログラミング」
「OpenGL+GLSL による 3D-CG アニメーション」(工学社)
「OpenGL でつくる 3 次元 CG ＆アニメーション」
「画像処理とパターン認識入門」
「OpenGL で作る力学アニメーション入門」(森北出版)
「ディジタル画像処理の基礎と応用」
「物理・制御シミュレーション入門」
「OpenGL3D プログラミング」(CQ 出版)
「VB で学ぶコンピュータ応用」
「ディジタル画像処理入門」
「高専学生のためのディジタル信号処理」(コロナ社)

本書の内容に関するご質問は、

① 返信用の切手を同封した手紙
② 往復はがき
③ FAX(03)5269-6031
　(返信先の FAX 番号を明記してください)
④ E-mail　editors@kohgakusha.co.jp

のいずれかで、工学社編集部あてにお願いします。
なお、電話によるお問い合わせはご遠慮ください。

I/O BOOKS

OpenGL + GLSL による
「流れ」のシミュレーション

平成24年11月25日　初版発行　ⓒ 2012	著　者	酒井　幸市
	編　集	I ／ O 編集部
	発行人	星　正明
	発行所	株式会社工学社
		〒160-0004 東京都新宿区四谷4-28-20 2F
	電話	(03)5269-2041(代) [営業]
		(03)5269-6041(代) [編集]
※価格はカバーに表示してあります。	振替口座	00150-6-22510

[印刷] シナノ印刷 (株)　　　　　　　　　　　　　　　　　ISBN978-4-7775-1728-2